Guide Pratique de Rédaction de Mémoire de Fin d'Etudes

Joseph Tshibangu wa Kazadi

Guide Pratique de Rédaction de Mémoire de Fin d'Etudes

PREFACE
Clément MWABILA MALELA
Professeur Emérite des Universités

A mes petites filles Khloe et Zoeh !

TABLE DES MATIERES

Guide Pratique de Rédaction de Mémoire de Fin d'Etudes i

Guide Pratique de Rédaction de Mémoire de Fin d'Etudes iii

Table des matières 7

Préface 13

Avant-propos 17

Chapitre 1 Trouver un sujet de recherche d'actualité, intéressant et faisable 19

1. Le chercheur 19

2. Le sujet de recherche 20

3. Phases et étapes de la conduite du mémoire 20

4. Choix d'un directeur de mémoire 20

5. A quoi sert un directeur de mémoire? 21

6. Résumé ou abstract 22

7. Les mots-clés (Keywords) 23

8. Eléments du résumé 23

Chapitre 2 Définir une problématique et rédiger l'introduction du mémoire 25

1. Que doit contenir l'introduction du mémoire? 25

2. Comment choisir votre problématique? 26

3. Les Variables 27

4. Question de recherche 28

5. Hypothèse de recherche 28

6. Les Objectifs 30

7. Justification 31

Chapitre 3 Qu'est-ce qu'une revue de littérature? 33

1. Définition 33

2. Pourquoi une revue de littérature?.................................... 33

3. Raisons d'examiner la littérature.. 34

4. Buts d'écrire une revue de littérature 34

5. Les dix règles simples pour rédiger une revue de littérature..... 34

6. Importance de référencer les auteurs................................ 45

Chapitre 4 Présenter la méthodologie et recueillir les données....... 47

1. Introduction.. 47

2. Interprétation et analyse des données 48

3. Comment choisir sa méthodologie?................................... 49

4. Les différents types de recherche 49

5. Un aperçu de la Recherche Quantitative et Qualitative............ 50

6. Instrument de collecte des données 51

7. Déterminer quelle méthode utiliser.................................... 52

8. Evaluer les preuves scientifiques: la recherche qualitative vs quantitative 53

9. Qu'est-ce qui caractérise un échantillon correct?.................. 56

10. Quelle taille pour l'échantillon? 57

11. Taille de l'échantillon pour les études descriptives................ 57

12. Taille d'échantillon dans les études analytiques 59

13. Méthodes d'échantillonnage.. 60

14. Les erreurs liées à l'échantillon 62

15. Résumé 64

Chapitre 5 Les erreurs lors d'études épidémiologiques 65

1. Les erreurs aléatoires 66

2. Les erreurs systématiques 67

3. Les types de biais 68

4. Comment prévenir les biais 74

5. Les facteurs confondants.. 75

6. Biais de confusion 81

7. Eviter les biais de confusion 81

8. Principaux critères d'inclusion................................. 82

Chapitre 6 Les principales méthodes de collecte de données 83

1. Les types de méthodes de collecte de données........................ 83

2. L'enquête et l'entrevue 85

4. Une méthode privilégiée: l'enquête par échantillon 87

5. La population-cible 89

6. La collecte de l'information de base.......................... 89

7. Planification du budget et du temps 90

8. Etapes d'une recherche par enquête 90

9. Choix du mode d'administration du questionnaire.................... 91

10. Pré-test ou pré-enquête 91

11. La formation des enquêteurs 92

12. Respect des normes d'échantillonnage et d'éthique............. 92

13. Codification, saisie et traitement des données.................. 93

14. Types et techniques d'enquêtes 93

15. Construction du questionnaire et codification 99

16. Caractéristiques principales et structure générale d'un
questionnaire.. 101

17.   Les types de questions 102

18.   Les biais dans les rapports enquêteur-enquêté 105

19.   La question des données manquantes 105

20.   La codification, étape préliminaire au traitement des données
        106

Chapitre 7 Analyser les données, présenter les résultats et rédiger la
conclusion 113

1.   Introduction 113

2.   Signification du résultat d'une statistique 113

3.   Exemple de discussion 116

4.   Eléments d'une discussion 117

5.   Explication des résultats sécondaires (seulement s'ils sont
significatifs) 118

6.   Exemple de critique 120

5.   Exemples de piste de recherche et de recommandation 125

6.   Exemple de conclusion 126

7.   Mentionnez les limites de votre étude 127

8.   Diffusion des résultats 128

9.   Les annexes 128

Chapitre 8 Organiser la bibliographie 131

I.   Consignes générales 132

II.   Le résumé et le corps du texte 134

III.   Les références, les tableaux, etc 136

IV.   Emplacement de la bibliographie 137

V.   Exemple de bibliographie aux normes APA 138

VI.   Créer les sources d'une bibliographie aux normes APA 139

VII.   Mise en page de la bibliographie 140

VIII.   Division des URL 140

IX.   Alphabétiser 141

X.   Citations dans le texte avec les normes APA 141

Chapitre 9 Préparer la soutenance 151

1.   La soutenance orale – Quelles différences avec l'écrit? 151

2.   Le fond – Quelles sont les attentes du jury? 152

3.   La forme – Comment se déroule la présentation? 154

4.   Plan de présentation de l'exposé de la soutenance 155

5.   Conseils pour la soutenance d'un mémoire 157

Chapitre 10 Prévention du plagiat et de la tricherie 159

1.   Comment éviter le plagiat, se prémunir contre le plagiat 159

2.   Pourquoi citer? 159

3.   Quand citer? 160

4.   Comment citer? 161

5.   Quelles sont les sanctions encourues en cas de plagiat? 161

6.   Comment faire pour éviter le plagiat de mémoire? 162

Chapitre 11 Caractéristiques d'un texte scientifique 163

1.   Descriptif et neutre 163

2.   Argumenté 164

3.   Précis 164

4.   Référencié 164

5.   Clair 164

6.   A quelle personne écrit-on son mémoire? 165

7.   Critères d'évaluation 166

Bibliographie 167

PRÉFACE

Je voudrai prendre le prétexte que m'offrent ces quelques lignes pour apprécier l'honneur que me fait le Professeur Docteur Tshibangu de me confier la préface de son livre intitulé: *Guide pratique de rédaction de mémoire de fin d'études*. Ce livre rejoint dans nos bibliothèques d'autres essaies, peu nombreux il est vrai, sur cette même préoccupation de fournir à nos étudiants la capacité de présenter des travaux de mémoire de fin d'études remplissant toutes les conditions de recherche, de rédaction et de rigueur.

A scruter rapidement la documentation à la disposition de nos étudiants, abstraction faites des publications des auteurs non nationaux abondamment consultés sur les méthodes de recherches tels l'Enquête *par questionnaire* de Cl. Javeau, *le Manuel de recherche en sciences sociales* de R. Quevy et L. Van Campenhoudt, les *Méthodes des sciences sociales* de M. Grawitz, *La rédaction scientifique : Conception, rédaction, présentation signalétique* de Lenoble-Pinson. Il se rencontrent de plus en plus, en particulier dans les sciences humaines, des contributions des collègues nationaux tels, Shamuana Mabenga Jonas : *Pédagogie de la recherche scientifique et de la rédaction des travaux de fin de cycles universitaires, référence à l'option de science politique en contexte congolais ;* Shomba Kinyamba : *Méthodologie et Epistémologie de la recherche scientifique ;* L. Matangila et C. Vumuka, *Guide pratique de la recherche et de la rédaction scientifiques...,* pour n'en retenir que ce petit échantillon.

La particularité des ouvrages ainsi cités est de se référer soit à une discipline particulière, soit à généraliser ses ambitions à une discipline scientifique de référence. Ces deux orientations présentent le double intérêt d'une part d'éviter d'imposer *une image simpliste de la* recherche scientifique, et de l'autre, du point de vue de la méthode de recherche et de la production de connaissance, de soutenir l'idée selon laquelle au plan de la méthodologie, *les dispositifs d'investigation varient considérablement d'une recherche à l'autre.* Le second intérêt consiste à s'abstenir de faire *entendre aux étudiants... que leurs cours de méthodes et techniques de recherche les conduiront à même d'adopter une « démarche scientifique » et de produire dès lors une « connaissance scientifique »,* alors qu'il est très difficile, même pour un chercheur professionnel et expérimenté, de produire une connaissance véritablement nouvelle qui fasse progresser sa propre discipline, Comme le remarquent très justement R. Quivy et L. Van Cmpenhout.

Ces précautions transpirent heureusement de l'ouvrage ici proposé aux étudiants en fin d'études dans notre système d'enseignement supérieur et universitaire astreints à la présentation d'un mémoire de fin d'études.

Les ambitions de cette contribution, affirmées par l'auteur lui-même, se limitent à la mise à la disposition des étudiants concernés, des *conseils* en vue de leur faciliter la rédaction de mémoires de fin d'études et les *aider à éviter certaines erreurs trop souvent commises.* Préoccupation justifiée du fait de l'importance accordée à ces travaux de fin d'études pour l'évaluation finale de l'étudiant à travers lesquels le jury apprécient les acquis intellectuels, théoriques et pratiques de la formation reçue et des aptitudes impétrants à les utiliser dans l'analyse d'un sujet précis de leur choix.

Ainsi, usant de sa riche expérience d'enseignant et d'évaluateur de plusieurs travaux des étudiants, le Professeur Tshibangu présente aux étudiants intéressés, dans ce guide pratique comportant 11 chapitres, des conseils pratiques pour la rédaction d'un mémoire de fin d'études allant du choix du sujet à traiter, de la définition de la problématique, de la définition des techniques de recherche approprié au sujet à traiter et conforme au domaine de recherche concerné, le tout visant au respect des caractéristiques d'un texte scientifique exempt de tout soupçon d'une possibilité de plagiat ou de tricherie.

L'auteur adopte, pour la présentation des recommandations proposées aux étudiants, une démarche pédagogique reposant sur des « recettes » précises assorties d'exemples concrets des procédés à imiter ou à simplement éviter pour plus de clarté dans un travail à prétention scientifique. Il en ressort en conséquence une richesse didactique dépassant le seul niveau des étudiants des années terminales de nos universités pour intéresser également d'autres chercheurs, eux aussi souvent trahis par des rédactions non conformes des articles et d'autres publications prétendument scientifiques, généralement présentés, sans être retenus, à des revues pour publication ou à d'autres instances de gestion de l'enseignement supérieur et de la recherche à l'appui des demandes de promotions et de nominations professionnelles.

Les mérites de ce livre brièvement évoqués ici trahissent le profil même de l'auteur et de sa riche expérience d'enseignant et de chercheur.

Le Docteur Joseph Tshibangu, auteur de ce Guide, a été professeur à l'Université de Reading, RACC (USA). Il a enseigné la santé internationale et la méthodologie de recherche jusqu'à sa retraite. Il est actuellement professeur à l'Université Pédagogique Nationale à la faculté des sciences de la Santé et professeur visiteur dans plusieurs universités congolaises.

Il a obtenu son master en Health Care Management avec honneur au School of management à l'Université de Cambridge, Boston, USA. Il était auparavant à l'Université de Paris 7 où il a obtenu un diplôme de Santé Publique et Environnement. Il a obtenu son doctorat (Ph.D.) à l'Abraham S. Fischler School of Education and Human Services à Nova Southeastern University, Fort Lauderdale, USA.

Dr. Tshibangu a également obtenu des certificats universitaires, notamment à l'Université de Harvard, École de Santé Publique: Certificat de Négociation en soins de santé et Résolution de Conflits; Université de Paris 5: Certificat en Economie de la santé, Démographie de la Santé et Sécurité Sociale; Organisation Mondiale de la Santé (OMS): Certificat des Maladies Sexuellement Transmissibles.

Il est membre et ancien membre de nombreuses organisations prestigieuses reconnaissant sa contribution au mentoring et à la collaboration scientifique y compris Outstanding RACC University Professor, Phi Gamma Sigma, Nova Southeastern University, The Center of Global Health, University of Pittsburgh, Massachusetts Public Health Association, Refugee and Immigrant Health Advisory Committee et le American Public Health Association.

La gageure pour cet important ouvrage sera d'amener tout le public cible, destinataire de ce guide, à le découvrir, à le consulter et à l'utiliser constamment et à bon escient.

Clément MWABILA MALELA
Professeur Emérite
Université de Kinshasa

Avant-propos

Le mémoire de fin de deuxième cycle permet à l'étudiant de démontrer qu'il a acquis les capacités techniques, intellectuelles et théoriques enseignées au cours de sa formation. Un mémoire est un travail combinant les apports des différentes disciplines de la formation suivie et les références théoriques pertinentes. Il doit aboutir à des analyses et des conclusions théoriques qui permettront au jury d'apprécier l'aptitude d'analyse de l'étudiant sur un sujet précis.

Lorsque l'étudiant décide de se lancer dans un projet de mémoire, il doit organiser et prévoir non seulement son temps de travail, mais surtout réfléchir à un cadre de recherche ainsi qu'aux ressources matérielles et humaines qui pourront l'aider durant tout le processus d'élaboration et de rédaction du travail. Dans un premier temps, les aspects qu'il doit absolument envisager sont: le choix d'un sujet fiable et pertinent en vue d'une recherche, la documentation nécessaire pour nourrir cette recherche, la sélection d'un directeur (éventuellement codirecteur du mémoire).

Ce guide pratique n'a pas la prétention de présenter la recette parfaite assurant la réussite du travail de mémoire, mais a pour objectif de rassembler une succession de conseils qui devrait vous faciliter la rédaction et vous éviter certaines erreurs trop souvent commises.

CHAPITRE 1

TROUVER UN SUJET DE RECHERCHE D'ACTUALITÉ, INTÉRESSANT ET FAISABLE

1. LE CHERCHEUR

Parmi les qualités importantes conduisant au succès dans la recherche, on peut citer:

- un esprit curieux pour trouver de nouveaux faits;
- la persévérance et la patience;
- l'intégrité pour soi-même et pour la valeur de la méthode scientifique;
- un esprit analytique capable de participer à des réflexions critiques;
- la réceptivité aux critiques au niveau professionnel;
- l'ouverture d'esprit et la capacité de déceler la signification d'observations inattendues;
- l'objectivité.

2. LE SUJET DE RECHERCHE

Les critères de choix d'un sujet peuvent être:

- un sujet original et d'actualité;
- un sujet qui vous intéresse, qui intéresse les enseignants;
- un sujet présentant une forte faisabilité sur le plan temporel et sur le plan de la collecte et du traitement des données et des articles de recherche.

3. PHASES ET ÉTAPES DE LA CONDUITE DU MÉMOIRE

L'étudiant(e) devra suivre dans la rédaction de son travail de recherche la structure I.M.R.A.D qui est adoptée dans le travail de recherche scientifique et dans la publication des articles scientifiques. Cette structure comporte :

I : Introduction et problématique

M : Matériels et méthodes

R : Résultats

A : and = et

D : Discussion

4. CHOIX D'UN DIRECTEUR DE MÉMOIRE

Le directeur de mémoire accompagne l'étudiant tout au long de l'année jusqu'à la soutenance.

Une fois le sujet du mémoire prédéfini, c'est à l'étudiant que revient l'initiative d'un premier contact avec un enseignant afin de lui proposer la thématique choisie.

Dans un premier temps, l'étudiant doit vérifier la disponibilité de l'enseignant pour le suivi du travail proposé. Dans un deuxième temps, il doit être capable de définir et présenter son sujet de manière claire et précise: la constitution d'un premier plan permet toujours de mieux expliquer les grandes lignes du travail.

Cette première discussion est essentielle car elle aide l'étudiant à affiner sa recherche en fonction des conseils et des indications du directeur.

5. A QUOI SERT UN DIRECTEUR DE MÉMOIRE?

Le rôle du directeur de mémoire est de (d'):

- aider l'étudiant à définir le choix d'un sujet, la problématique, faciliter l'accès à un terrain, etc. Il peut également proposer des sujets à l'étudiant;
- aider l'étudiant à délimiter son champ d'investigation (calibrage de son envie, orientation vers d'autres pistes, évaluation de la faisabilité…);
- insister auprès de l'étudiant sur la faisabilité du sujet (accès au terrain, gestion des sources, ressources théoriques, etc. sans oublier de lui communiquer sa disponibilité). De nombreux mémoires ne tiennent pas leurs promesses en raison de ces contraintes que les étudiants sous-estiment;
- conseiller l'étudiant de manière régulière tout au long de l'année (l'objectif est de parvenir à réaliser un mémoire de qualité entre 50 et 100 pages, annexes non comprises).

Il sied de noter que le directeur de mémoire n'est pas là pour corriger vos fautes d'orthographe ou vos erreurs de syntaxe avant remise.

L'autonomie fait partie des critères d'appréciation du mémoire.

Conclusion

L'investigation scientifique est une véritable gageure pour l'humanité, et le soutien qu'elle reçoit de la société est une mesure de la force, de la vitalité et de la foi dans l'avenir de cette société.

La démarche et les méthodes de la recherche ont lentement évolué pour devenir de plus en plus précises et efficaces. La technologie existe pour explorer l'inconnu. Le succès de cette entreprise dépend cependant, aujourd'hui comme hier, des talents individuels et collectifs des chercheurs attachés aux principes de la science, tels que l'ordre, l'inférence et le hasard, dont ils tiendront compte en les intégrant dans un plan de recherche et une méthodologie solides.

6. RÉSUMÉ OU ABSTRACT

Il donne au lecteur un aperçu du contenu du mémoire car il décrit succinctement l'intérêt du sujet ainsi que la problématique sous-jacente. En décrivant la méthodologie choisie et la conclusion du travail, le résumé permet au lecteur d'apprécier la teneur du mémoire qui peut susciter ou non de l'intérêt. Comment faire un résumé de mémoire?

Un bon résumé de mémoire ne peut pas dépasser une page en général, ce qui signifie qu'il faut bien choisir les mots qui vont construire les phrases et que ces dernières soient aussi explicites que possible. Et comme le résumé consiste à susciter l'intérêt du lecteur, il ne faut pas hésiter à utiliser des mots-clés et choisir les plus pertinents.

Au niveau de la syntaxe, il faut faire en sorte qu'une seule phrase exprime une idée pour qu'elle soit plus fluide à la lecture. Il faut privilégier les informations pertinentes pour le résumé.

Afin d'écrire un résumé de mémoire qui soit suffisamment accrocheur et attrayant pour susciter l'intérêt du lecteur, on tiendra compte de certaines règles d'écriture, tant au niveau de la forme que du fond.

Le rôle principal du résumé est en effet de permettre au lecteur de s'intéresser du premier coup d'œil à son contenu. C'est pourquoi il doit contenir l'intérêt de la question, la problématique, le choix de la méthodologie et éventuellement sa description, les résultats principaux, les conclusions ainsi que leur implication dans le domaine étudié.

7. LES MOTS-CLÉS (KEYWORDS)

Les mots-clés sont des outils puissants pour repérer des documents traitant d'un sujet.

Un mot-clé est un mot ou un groupe de mots qui a une importance particulière permettant de caractériser le contenu d'un document et facilitant une **recherche d'informations**. Une liste de mots-clés permet ainsi de définir les thématiques contenues dans un document. En règle générale, il peut y avoir trois à neuf mots-clés.

Les **mots-clés** sont placés sur une ligne à part, à la fin du résumé.

8. ELÉMENTS DU RÉSUMÉ

Votre résumé en une page devrait contenir les 5 *éléments* suivants:

- *La problématique*
    - Le problème de recherche
    - L'hypothèse ou l'objectif de la recherche
- *La méthode*
    - Population, échantillon, groupes
    - La procédure d'échantillonnage
    - La méthode et l'outil
- *L'analyse des données*
    - L'hypothèse est-elle confirmée ou infirmée?
    - Principaux résultats

- o Résultats secondaires (s'ils sont significatifs et que les principaux résultats, eux, ne le sont pas)

- *L'interprétation des résultats*

  - o Présentez brièvement la théorie, l'explication ou le raisonnement qui permet de rendre compte de vos principaux résultats, sans entrer dans les détails.

- *Les mots-clés (Keywords)*

CHAPITRE 2

DÉFINIR UNE PROBLÉMATIQUE ET RÉDIGER L'INTRODUCTION DU MÉMOIRE

1. QUE DOIT CONTENIR L'INTRODUCTION DU MÉMOIRE?

L'introduction doit contenir les cinq éléments suivants:

- une accroche qui attire l'attention du lecteur et lui donne envie de lire l'ensemble du travail;

- une présentation du contexte de l'étude qui amène le sujet en partant d'un thème général. D'une part, vous devez situer le travail, délimiter les différentes facettes du sujet, et d'autre part, justifier l'importance du sujet, son intérêt ainsi que son actualité;

- un paragraphe qui précise les objectifs du mémoire: énoncez clairement la problématique et les questions de recherche plus précises qui montrent au lecteur l'ambition de votre travail;

- un paragraphe qui présente la méthodologie suivie, les données utilisées et les principaux résultats de votre mémoire;

- et enfin, une annonce du plan qui montre la logique de votre raisonnement et qui justifie l'organisation des parties du mémoire.

2. COMMENT CHOISIR VOTRE PROBLÉMATIQUE?

Vous allez travailler pendant plusieurs mois sur la construction de votre mémoire, il est donc important de choisir un sujet qui suscite chez vous un intérêt personnel.

En outre, vous avez intérêt à inscrire votre projet dans une perspective de votre projet professionnel: vous allez acquérir des connaissances qui pourront vous être utiles dans la suite de vos études ou que vous pourrez valoriser dans votre recherche d'emploi.

Le plus souvent, le mémoire s'appuie sur les travaux et les réalisations accomplis au cours du stage de fin d'études (sauf s'il s'agit d'un mémoire analytique ou d'un mémoire de recherche).

Lorsqu'on rédige une problématique, il faut respecter un certain nombre de principes, notamment ceux énoncés ci-dessous.

- Tout d'abord il ne faut jamais perdre de vue que le lecteur ignore tout de votre thème/sujet. Il ne peut donc pas deviner vos intentions, ni le sens que vous accordez aux différents concepts de votre problème. Soyez donc explicite et clair; définissez vos concepts.

- Il faut s'en tenir aux faits et théories rapportés par vos sources scientifiques et exclure toute considération d'ordre personnel. On ne doit donc faire mention ni de ses sentiments, ni de ses opinions (Ex: «Je trouve ça bon» ou «Personnellement, je pense que c'est très clair», etc.).

- Finalement, vous devez rédiger votre texte dans un style scientifique et non littéraire ou journalistique.

3. LES VARIABLES

Analyse des variables

Une variable doit:

- varier (au moins deux valeurs);
- être mesurable.

Variable indépendante

La variable indépendante est celle qui est manipulée par le chercheur; elle est dite indépendante parce qu'elle ne dépend pas du sujet.

Variable dépendante

Au sens strict, la variable dépendante est la variable qui varie selon la modalité de la variable indépendante. C'est elle dont les variations sont prévues par le chercheur qui établit une relation causale entre les variations de la variable indépendante et celle de la variable dépendante.

La relation entre VI et VD peut être schématisée comme suit : **VI > VD.**

Exemple: Si on compare les hommes et les femmes quant à leur satisfaction au travail dans une usine, la *variable indépendante*, c'est le sexe, tandis que la *variable dépendante*, c'est la satisfaction au travail. Si lors d'une expérience, le taux de globules blancs des hommes est comparé à celui des femmes par exemple, le sexe serait la *variable indépendante* et le taux de globules blancs, la *variable dépendante*.

4. QUESTION DE RECHERCHE

La question de recherche spécifie ou précise le but.
La question de recherche doit:

- s'énoncer au présent (forme interrogative);
- inclure les variables clés;
- préciser la population cible de recherche;
- spécifier clairement le but.

Distinction entre le problème et la question de recherche

Il convient de distinguer *problème* et *question* de recherche. Cette distinction est assimilable à celle entre le *général* (le problème) et le *particulier* (question). La question constitue un centre d'intérêt particulier dans le problème de recherche.

Exemple d'une question de recherche

Les travaux pratiques augmentent–ils la rétention d'information dans les cours à l'Université?

5. HYPOTHÈSE DE RECHERCHE

Une hypothèse de recherche est la réponse présumée à la question qui oriente la recherche.

L'hypothèse est une explication anticipée, une affirmation provisoire qui décrit ou explique un phénomène. Elle est une prédiction consistant à mettre en relation une **variable** et un comportement. Elle s'exprimera toujours sous la forme "*telle variable a tel effet sur tel comportement*". Cette prédiction peut naître soit de l'observation, soit de **données** précédemment recueillies, soit d'une **théorie** qu'elle va tenter de valider. Elle s'exprimera alors sous la forme suivante: "*si telle théorie est juste dans telle **situation**, il se produira tel phénomène*".

L'hypothèse générale comprend une variable indépendante (VI) et une variable dépendante (VD).

La formulation des hypothèses

Les hypothèses doivent :

- se formuler au présent;
- inclure les variables clés;
- préciser la population cible;
- décrire la relation prédite (causale ou d'association) (+ que, - que, +grand que, différent de, relié à…)
- déterminer l'orientation de la recherche.

Hypothèse simple

Elle énonce une relation d'association ou de causalité entre deux variables.

Hypothèse simple d'association: la variable X est associée à la variable Y dans une population. **X** _________ **Y**

Hypothèse simple de causalité: la variable indépendante (X) étant la cause supposée du changement observé dans la variable dépendante (Y). **X --------------> Y**

Dans la recherche *quantitative*, l'objectif est le test d'hypothèses pour vérifier des théories. Dans ce cas, la question de recherche est l'expression d'une relation en forme structurelle entre une variable à expliquer et une ou plusieurs variables explicatives, dans certaines conditions spécifiées. Les variables et les relations sous-jacentes sont suggérés par la théorie économique.

Dans la recherche *qualitative*, l'objectif est la compréhension des comportements sous-jacents à des phénomènes sociaux (induction). Pour la recherche qualitative, l'hypothèse est une proposition intuitive; C'est la transposition de la question de recherche sous une forme déclarative (affirmative), servant à guider la recherche. Les hypothèses émergent du processus même de recherche, ce qui implique une démarche itérative et adaptative, comportant des reformulations du problème et des questions.

Exemple d'une hypothèse

Faire des travaux pratiques améliore les résultats scolaires des étudiants qui fréquentent l'université.

6. LES OBJECTIFS

L'objectif est un énoncé plus général que l'hypothèse, qui vise simplement à montrer l'existence d'une relation entre deux phénomènes (X et Y) ou à comparer les niveaux de la variable indépendante (X1 et X2).

Exemple d'un objectif

 L'objectif de cette recherche consiste à vérifier l'effet des TP (X) sur les résultats (Y) des étudiant-e-s du niveau universitaire (Z).

Donc, contrairement à l'hypothèse, l'objectif ne prédit pas le sens ou la direction de la relation (< ou >), seulement son existence.

Toutefois, comme l'hypothèse, l'objectif doit reposer sur des faits ou des théories qui permettent de supposer qu'il existe bel et bien un lien entre les deux phénomènes à l'étude (les variables X et Y).

Les objectifs doivent être donnés sous forme de réalisations concrètes en rapport avec le sujet de la recherche: ainsi on a une formulation des questions auxquelles le chercheur tentera de répondre et le type de résultats attendus.

Cette partie comporte, en réalité, deux éléments:

- les objectifs généraux portent sur les questions principales;

- les objectifs spécifiques   traitent plutôt des objectifs concrets qui doivent être atteints pour réaliser les objectifs généraux. En effet, la méthodologie s'applique directement à ces derniers.

7. JUSTIFICATION

La justification est un court paragraphe dans lequel l'auteur tente de convaincre le lecteur de l'utilité ou de l'intérêt de réaliser une recherche pour résoudre un problème. C'est «ce que l'on pourrait faire avec ce que l'on sait maintenant».

CHAPITRE 3

QU'EST-CE QU'UNE REVUE DE LITTÉRATURE?

1. DÉFINITION

Une revue de la littérature est une «analyse découlant de l'examen de l'ensemble de la documentation touchant un sujet ou un domaine particulier».

2. POURQUOI UNE REVUE DE LITTÉRATURE?

Vos activités de recherche vous mèneront à rédiger un mémoire de fin de deuxième cycle. Ces productions littéraires ont toutes en commun d'avoir une section **«Revue de littérature»**, bien que cette section soit plus développée dans certains cas que d'autres.

Ce guide fournit des informations pour vous aider à **trouver** des revues de littérature et à en **rédiger**.

La revue de littérature est une évaluation critique des développements de la recherche dans un domaine spécialisé. Elle comporte normalement de nombreuses références.

3. RAISONS D'EXAMINER LA LITTÉRATURE

L'examen de la littérature sert à:

- identifier les développements dans le domaine;
- connaître des sources d'information et des méthodes de recherche;
- repérer des lacunes dans la littérature, qui peuvent devenir des questions de recherche;
- valider l'originalité d'un projet de recherche;
- évaluer des méthodes;
- identifier des erreurs à éviter;
- développer vos propres approches méthodologiques;
- faire ressortir les forces, les faiblesses et les controverses des idées établies dans le domaine;
- identifier les experts d'un sujet.

4. BUTS D'ÉCRIRE UNE REVUE DE LITTÉRATURE

Les buts d'une revue de littérature sont:

- informer l'audience des développements;
- établir votre crédibilité;
- discuter de la pertinence et de la portée de vos questions;
- donner un contexte à votre approche méthodologique;
- discuter la pertinence et l'applicabilité de votre approche.

5. LES DIX RÈGLES SIMPLES POUR RÉDIGER UNE REVUE DE LITTÉRATURE

Les revues de littérature constituent une demande importante dans la plupart des domaines scientifiques. Ce besoin correspond à une augmentation constante du nombre de publications scientifiques. Par exemple, en comparaison avec 1991, en 2008, c'est trois, huit et quarante fois plus d'articles qui ont été indexés dans Web of Science respectivement sur la malaria, l'obésité et la biodiversité. Au regard de ces montagnes d'articles, il n'est pas possible de demander aux scientifiques qu'ils examinent en détail chaque nouvelle publication pertinente pour leurs travaux. Par conséquent, il est à la fois facilitateur et nécessaire de se référer à des synthèses régulières de la littérature récente. Bien que la reconnaissance pour les scientifiques provienne principalement de la recherche primaire, les revues d'actualité peuvent conduire à de nouveaux points de vue synthétiques et elles sont souvent lues. Cependant, pour être utiles, ces synthèses doivent être rédigées de façon professionnelle.

Lorsque l'on démarre de zéro, réaliser une revue de littérature peut nécessiter une quantité titanesque de travail. C'est pourquoi les chercheurs qui ont passé leur carrière à travailler sur un problème de recherche sont dans une position idéale pour analyser cette littérature. Etant donné que la plupart des étudiants-chercheurs débutent leur projet par une vue d'ensemble de ce qui a déjà été fait sur leur sujet de recherche, certaines écoles doctorales dispensent maintenant des cours de méthodologie de la revue de littérature. Cependant, il est probable que la plupart des scientifiques n'ont pas considéré en détail la manière d'aborder et réaliser une revue de littérature.

Mener une revue de littérature réclame la capacité de jongler avec plusieurs tâches allant de la découverte et l'évaluation des documents pertinents à la synthèse de l'information issue de sources diverses ; de la pensée critique à la paraphrase, l'interprétation de textes en langue étrangère et la citation. Dans cette contribution, je partage dix règles simples que j'ai apprises en travaillant sur environ 25 revues de littérature en tant que doctorant et post-doctorant. Les idées et les points de vue proviennent également des discussions avec des coauteurs et des collègues ainsi que des commentaires de relecteurs et d'éditeurs.

Règle no 1: définir un sujet et un lectorat

Comment choisir quel sujet traiter? Il y a tellement de questions de recherche en science contemporaine que l'on pourrait passer une vie à assister à des conférences et à lire la littérature en réfléchissant juste sur quoi porter son analyse. D'un côté, si cela vous prend plusieurs années pour choisir, plusieurs autres personnes auront la même idée entre-temps. De l'autre côté, seulement un sujet mûrement réfléchi est susceptible de conduire à une brillante revue de littérature. Le sujet doit correspondre au minimum à:

- un sujet intéressant pour vous (idéalement vous devriez avoir trouvé une série d'articles récents en relation avec votre axe de travail et qui appellent une analyse critique) ;
- un aspect important du champ de recherche (pour que plusieurs lecteurs soient intéressés par la revue de littérature et qu'il y ait suffisamment matière à écrire) ;
- une question de départ clairement définie (sinon vous pourriez potentiellement inclure des milliers de publications qui rendraient votre revue peu contributive).

Les idées potentielles de revue peuvent provenir d'articles faisant ressortir des listes de questions-clés de recherche [9], mais aussi par hasard à l'occasion de lectures non analytiques et de discussions. En plus du choix du sujet, vous devrez sélectionner votre lectorat. Dans plusieurs cas, le sujet (exemple: les services web dans la bio-informatique) définira automatiquement un lectorat (exemple : les bio-informaticiens), mais ce même sujet peut aussi intéresser des champs voisins (ex : sciences de l'informatique, biologie, etc.).

Règle no 2: chercher et re-chercher la littérature

Après avoir choisi votre sujet et votre lectorat, débutez par une vérification de la littérature et le téléchargement des articles pertinents. Cinq conseils ici :

- garder trace des références bibliographiques et de la démarche de recherche documentaire utilisée (de façon que votre recherche puisse être reproduite ;
- conserver une liste des articles que vous ne pouvez pas télécharger immédiatement en PDF (de manière à les récupérer plus tard autrement) ;
- utiliser un système de gestion d'articles (par exemple: Mendeley, Papers, Qiqqa, Sente) ;
- définir tôt dans votre démarche des critères d'exclusion des articles non pertinents (ces critères pourront être décrits dans votre revue pour faciliter la définition de son domaine de validité) ;
- ne pas chercher uniquement les études que vous souhaitez analyser, mais recherchez aussi les revues de littérature antérieures.

Même si cela ne correspond pas exactement à la problématique que vous traitez, il est hautement probable qu'une autre revue de littérature aura déjà été publiée (Figure 1), au moins en relation avec votre thème. Si une ou plusieurs revues de littérature correspondent déjà à votre problématique, mon conseil est de ne pas abandonner, mais de poursuivre votre démarche :

- en discutant les approches, les limites et les conclusions des revues antérieures ;
- en essayant de trouver un nouvel angle qui n'aurait pas été couvert de façon adéquate dans les revues précédentes ;
- en incorporant de nouvelles données qui se sont

inévitablement accumulées depuis leur sortie.

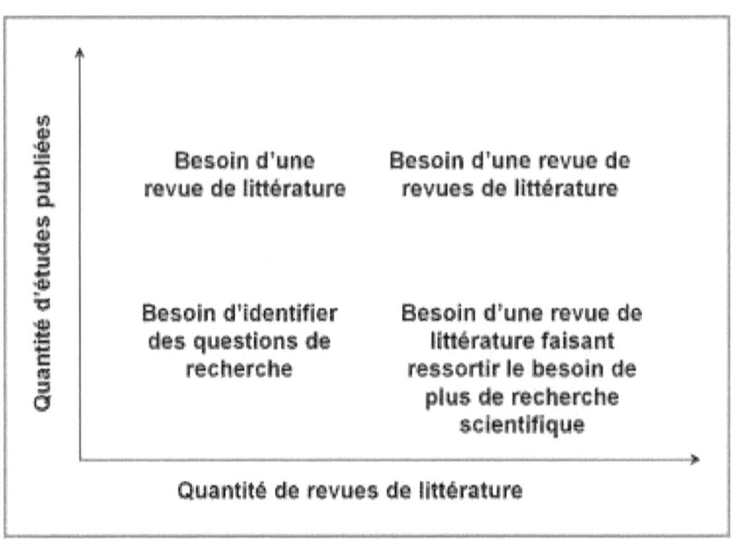

Figure 1 : Schéma conceptuel du besoin de différents types de revues de la littérature selon la quantité d'articles de recherche publiés et la quantité de revues de littérature. La situation du cadran inférieur droit (nombreuses revues de littérature mais peu d'articles de recherche) n'est pas juste une situation théorique ; cela correspond, par exemple, à l'étude des impacts du changement climatique sur les maladies des plantes, domaine dans lequel il apparaît qu'il y a plus de revues de littérature que d'études.

Lorsque vous recherchez des articles pertinents et des revues de littérature, les règles habituelles et suivantes s'appliquent:

- o être rigoureux ;
- o utiliser des mots clés et des bases de données différentes (par exemple : DBLP, Google Scholar, ISI Proceedings, JSTOR Search, Medline, Scopus, Web of Science, dogpile) ;

o consulter les références bibliographiques (et les auteurs) qui citent (et qui sont cités dans) les articles et les chapitres d'ouvrage intéressants.

Règle no 3: prendre des notes en lisant

Si vous lisez les articles premièrement, et après seulement vous commencez à rédiger la revue de littérature, vous aurez besoin d'une très bonne mémoire pour vous souvenir de qui a écrit quoi, et quelles impressions et associations émergent selon vous pendant la lecture de chaque article. Mon conseil est de commencer à relever les informations intéressantes, les repères pour organiser votre revue, et les réflexions sur lesquelles écrire. De cette manière, alors que vous auriez lu la littérature que vous avez sélectionnée, vous aurez déjà une ébauche de votre revue de littérature.

Bien entendu, ce manuscrit nécessitera toujours beaucoup de réécriture, de restructuration et de réflexion pour obtenir un texte avec une argumentation cohérente, mais vous aurez évité l'écueil de la page blanche. Soyez attentif lorsque vous prenez des notes d'utiliser des guillemets si vous copiez provisoirement le verbatim issu de la revue. Il est conseillé de reformuler ces citations ensuite avec vos propres mots dans le manuscrit final. A ce stade, il est important de déjà noter avec précaution les références bibliographiques afin d'éviter les erreurs d'attribution. Utiliser un logiciel de gestion de références bibliographiques dès le tout début de votre travail vous fera gagner du temps

Règle no 4: choisir le type de revue de littérature que vous souhaitez rédiger

Après avoir pris des notes durant la lecture de la littérature, vous aurez une idée globale de la quantité de matière disponible pour votre revue. Cela sera alors le bon moment pour décider d'engager une revue minimale ou exhaustive. Actuellement, certains journaux favorisent plutôt la publication de revues courtes, ciblées sur quelques années antérieures en limitant le nombre de mots et citations. Une mini-revue n'est pas forcément une revue mineure: elle retiendrait plus l'attention des lecteurs très occupés bien qu'elle simplifie inévitablement les problèmes et n'aborde pas des données intéressantes en raison des limites d'espace. Une revue exhaustive aura l'avantage de plus de liberté pour couvrir en détail la complexité d'un développement scientifique particulier, mais elle pourrait être laissée dans la pile des papiers importants « à lire » par les lecteurs ayant peu de temps libre à passer sur des monographies longues.

Il existe probablement un continuum entre les mini-revues et les revues exhaustives. Cela est vrai aussi pour la dichotomie méthodologique qui existe entre revue descriptive et revue intégrative. Alors que les revues descriptives se focalisent sur la méthodologie, les découvertes, et l'interprétation de chaque étude analysée, les revues intégratives s'attachent à trouver les idées et concepts communs du matériel analysé. Une distinction similaire existe entre revue narrative et revue systématique: alors que les revues narratives sont qualitatives, les revues systématiques s'attachent à tester des hypothèses fondées sur les preuves publiées, ce qui réclame d'avoir prédéfini un protocole afin de réduire le risque de biais. Lorsque les revues systématiques analysent des résultats quantitatifs d'une façon quantitative, elles deviennent des méta-analyses. Le choix entre ces différents types de revue devra être effectué au cas par cas en fonction non seulement de la nature du matériel trouvé et des préférences du ou des journaux ciblés, mais aussi du temps disponible pour rédiger la revue et du nombre de coauteurs.

Règle no 5: garder la revue focalisée tout en la rendant largement intéressante

Que vous optiez pour une mini-revue ou une revue exhaustive, il est conseillé de rester focalisé. Inclure des données juste pour les inclure peut facilement conduire à des revues qui essayent de faire trop de choses en même temps. La nécessité de maintenir la revue ciblée peut être problématique pour les revues interdisciplinaires alors que le but est de créer des liens entre des différents champs disciplinaires. Par exemple, si vous êtes en train de rédiger une revue de littérature sur comment les approches épidémiologiques sont utilisées dans la modélisation de la diffusion des idées, vous serez enclin à inclure des données issues des deux champs parents, l'épidémiologie et l'étude de la diffusion culturelle. Cela peut être nécessaire dans une certaine mesure mais, dans ce cas, la revue ciblée s'intéressera uniquement aux détails des études qui sont à l'interface entre l'épidémiologie et la diffusion des idées.

Alors que la focalisation est un critère important pour une revue réussie, il faut contrebalancer ce principe par la nécessité de rendre la revue pertinente pour une audience assez large. Cette quadrature du cercle s'aborde en discutant plus largement les implications du sujet analysé pour d'autres disciplines.

Règle no 6: être critique et cohérent

Ecrire une revue de la littérature n'est pas faire une collection de timbres. Une bonne revue n'est pas seulement un résumé de la littérature, mais elle discute aussi celle-ci de façon critique, identifie les problèmes méthodologiques et montre les incertitudes de la recherche. Après avoir lu une revue de littérature, le lecteur devrait avoir une vue d'ensemble:

- des principales réalisations dans le domaine analysé;
- des principaux points de débat;
- des questions de recherche émergentes.

Aboutir à une revue réussie sur tous ces points est un défi. Une solution peut être d'impliquer un ensemble de coauteurs: certaines personnes sont douées pour recenser ce qui a été réalisé, d'autres sont très bonnes pour identifier les nuages noires à l'horizon, et d'autres ont plutôt le talent de prédire d'où vont provenir les solutions. Si votre journal club dispose exactement d'une telle équipe, vous devriez définitivement rédiger une revue de la littérature! En plus de la pensée critique, une revue de littérature nécessite de la cohérence, par exemple dans le choix du mode passif ou actif, et du temps présent ou passé.

Règle no 7: trouver une structure logique

Comme un gâteau réussi, une bonne revue contient un certain nombre de caractéristiques: respect du temps du lecteur, publication au bon moment, méthodique, bien écrite, focalisée, et critique. Elle nécessite aussi une bonne structure. Pour les revues de la littérature, la subdivision habituelle des articles de recherche en introduction, matériel et méthodes, résultats et discussion ne fonctionne pas ou est rarement utilisée. Cependant, une introduction générale du contexte et, vers la fin, une récapitulation des points principaux et à retenir sont aussi adaptées au cas des revues. Pour les revues systématiques, il y a une tendance à inclure des informations sur la façon dont la littérature a été explorée (base de données, mots clés, limites de temps).

Comment peut-on organiser le déroulé du corps de texte de la revue pour que le lecteur y soit aspiré et guidé? Construire un schéma conceptuel de la revue peut généralement être utile, par exemple avec les techniques du mind-mapping. Ces diagrammes peuvent aider à reconnaître le raisonnement logique qui ordonne et relie les différentes sections de la revue. Pas seulement pour l'étape de rédaction, mais aussi pour les lecteurs si les diagrammes sont inclus à l'intérieur de la revue comme illustrations. Une sélection soigneuse des diagrammes et figures pertinentes pour le sujet analysé peut aussi être très utile pour structurer le texte.

Règle no 8: faire usage de commentaires (feedback)

À juste titre, les revues de littérature sont normalement relues par les pairs de la même façon que les articles de recherche. Généralement, l'incorporation de commentaires des relecteurs aide considérablement à améliorer le projet de revue de littérature. Alors qu'ils auront lu la revue avec un esprit neuf, les relecteurs peuvent pointer des inexactitudes, des incohérences et des ambiguïtés qui n'avaient pas été remarquées par les auteurs en raison de la relecture trop fréquente du manuscrit. Néanmoins, il est conseillé de relire le projet une fois de plus avant soumission, parce qu'une correction de dernière minute de la typographie, des sauts de paragraphe, et des phrases confuses incitera les relecteurs à donner des conseils plutôt sur le fond plus que sur la forme.

Le retour d'informations est vital pour rédiger une bonne revue, et il devrait être sollicité auprès d'une variété de collègues afin d'obtenir une diversité de vues sur le projet. Cela peut parfois conduire à des divergences sur les mérites de l'article, et sur comment l'améliorer, mais cette situation est meilleure que l'absence de commentaires. La diversité des perspectives émergeant de la relecture préalable d'une revue de littérature peut aider à identifier où le consensus se trouve dans le paysage de la compréhension scientifique actuelle autour d'une question de recherche.

Règle no 9: inclure avec pertinence vos propres travaux de recherche, mais rester objectif

Dans plusieurs cas, les auteurs de revues de littérature auront publié des études correspondant à la revue qu'ils sont en train de rédiger. Cela peut générer un conflit d'intérêt: comment les auteurs d'une revue de littérature peuvent rapporter objectivement leur propre travail? Certains scientifiques peuvent être trop enthousiastes à propos de ce qu'ils ont publié et ainsi courir le risque de donner trop d'importance à leurs propres découvertes dans leur analyse. Le biais peut aussi provenir de la situation inverse: certains scientifiques peuvent indûment être dédaigneux envers leurs propres réalisations de telle façon qu'ils auront tendance à minimiser leur contribution (le cas échéant) pour le domaine analysé.

Généralement, une revue de la littérature ne devrait être ni une brochure de relations publiques ni un exercice compétitif d'auto-dénigrement. Si un auteur de revue de littérature est en capacité de produire une revue bien organisée et méthodique, qui s'articule au mieux et rend service aux lecteurs, il devrait alors être possible d'être objectif lors de l'analyse de ses propres découvertes. Dans les revues rédigées par plusieurs auteurs, cela pourra être réalisé en attribuant l'analyse des résultats d'un coauteur à d'autres coauteurs.

Règle no 10: s'intéresser au récent, mais ne pas oublier les études plus anciennes

Etant donné l'accélération progressive dans la publication d'articles scientifiques, les revues de littérature actuelles doivent non seulement couvrir l'orientation générale et les réalisations d'un champ d'investigation, mais aussi les études les plus récentes afin de ne pas devenir obsolètes avant d'être publiées. Idéalement, une revue de littérature ne devrait pas s'atteler à une question de recherche venant d'être abordée dans une série d'articles sous presse sans les citer (il en va de même, bien entendu, pour les études plus anciennes ou oubliées aussi appelées « belles au bois dormant ». Cela implique que les auteurs devront veiller les listes électroniques des articles sous presse, en tenant compte du fait que cela peut prendre des mois avant que ces articles apparaissent dans les bases de données scientifiques. Certains auteurs déclarent qu'ils ont exploré la littérature jusqu'à une certaine date, mais étant donné que la relecture par les pairs peut être un processus relativement long, il peut être bien venu d'effectuer une recherche exhaustive des nouvelles publications au moment de la révision. Evaluer la portée contributive des études qui viennent d'apparaître est particulièrement difficile parce qu'il y a peu de perspective pour juger leur signification et leur impact sur la recherche future et sur la société.

Inévitablement, de nouveaux articles sur le sujet traité – y compris des revues de littérature indépendantes – apparaîtront de toutes parts après publication de la revue, de telle sorte qu'il pourra y avoir rapidement la nécessité d'une mise à jour. Ainsi est la nature de la science.

6. IMPORTANCE DE RÉFÉRENCER LES AUTEURS

Étant donné que le mémoire est un travail personnel, tout ce qui est rapporté dans le document doit être le résultat de ses efforts personnels. Il est donc important de référencer les auteurs dont les écrits ont permis d'étayer ses affirmations. On ne doit en aucun cas s'approprier des travaux des autres, au risque de tomber dans le plagiat. D'autant plus que cela permet de repérer rapidement les sources citées.

Mais attention, si le sujet d'étude est trop vaste ou si les frontières du sujet ne sont pas clairement délimitées, vous risquez de vous perdre dans un exercice interminable de lecture. Il est donc très important de définir avec précision sa problématique.

CHAPITRE 4

PRÉSENTER LA MÉTHODOLOGIE ET RECUEILLIR LES DONNÉES

1. INTRODUCTION

La phase empirique du mémoire correspond au recueil des données nécessaires pour répondre à la problématique. Le terrain mobilisé est le plus souvent lié au contexte de l'organisation dans laquelle vous faites votre stage. La méthodologie choisie dépend des objectifs du mémoire et donc de la problématique.

Cette phase consiste à choisir le devis de recherche / protocole de l'enquête en se basant sur l'objectif de l'étude, définir la population et l'échantillon d'étude, décrire les méthodes de collecte et d'analyse des données.

L'étudiant est amené à décrire en détail comment il va réaliser l'enquête. Il décrira:

- le devis de recherche en se basant sur le but de l'enquête;
- la méthode ou l'approche adoptée;
- les techniques d'échantillonnage en deux points:
  (i) décrire les caractéristiques et les variables sociodémographiques des sujets à enquêter,
  (ii) définir la taille de l'échantillon (choix de la population, les critères d'inclusion et de non-inclusion);

47

- les outils et les instruments les plus appropriées pour mener l'enquête, sans oublier de mentionner l'instrument utilisé (grille d'observation ou questionnaire …);
- la période et le lieu du déroulement de l'enquête;
- les considérations éthiques à respecter pour mener à bien l'enquête et pour préserver les droits des participants à l'enquête.

2. INTERPRÉTATION ET ANALYSE DES DONNÉES

Il faut préciser le logiciel utilisé pour traiter les résultats (soit le logiciel SPSS, soit Excel).

SPSS signifies «Statistical Package for the Social Sciences». Son objectif est d'offrir un logiciel permettant de réaliser la totalité des analyses statistiques habituellement utilisées en sciences humaines. C'est un logiciel très complet et dans ce livre, nous ne verrons qu'une très faible partie de ses possibilités. Il existe bien d'autres logiciels comme S-Plus, R ou SAS qui permettent d'atteindre les mêmes buts, c'est-à-dire: faire des analyses statistiques.

La première version de SPSS a été mise en vente en 1968 et fait partie des programmes utilisés pour l'analyse statistique en **sciences sociales**. Il est utilisé par des chercheurs en économie, en science de la santé, par des compagnies d'études, par le gouvernement, des chercheurs de l'éducation nationale, etc. En plus de l'analyse statistique, la gestion des données (sélection de cas, reformatage de fichier, création de données dérivées) et la documentation des données (un dictionnaire de métadonnées est sauvegardé avec les données) sont deux autres caractéristiques du logiciel.

3. COMMENT CHOISIR SA MÉTHODOLOGIE?

Le chercheur a le choix entre trois modes d'investigation.

- L'approche *quantitative*: elle consiste à collecter des données observables et quantifiables et à décrire, expliquer, contrôler et prédire en se fondant sur des faits et événements existants.
- L'approche *qualitative*: partir d'une situation concrète, comprendre un phénomène particulier, utiliser des techniques de recherche qualitatives (études de cas, observation, entretiens individuels, etc.).
- L'approche *mixte*, elle combine les deux approches précédentes. Elle permet de « maîtriser » un phénomène dans toutes ses dimensions.

4. LES DIFFÉRENTS TYPES DE RECHERCHE

Il y a quatre différents types de recherche.

- Les recherches *exploratoires* consistent à explorer, à comprendre et à collecter des données à partir des observations et des entretiens.
- Les recherches *descriptives* consistent à décrire comment les variables ou les concepts interagissent, comment ils peuvent être associés et à découvrir les relations entre les facteurs ou les variables.
- Les recherches *explicatives*: il s'agit de savoir s'il y a une association entre les variables, de voir si les variables varient dans le même sens et de vérifier la nature, la direction ainsi que les conséquences de la relation.
- Les recherches *prédictives* consistent à prédire une relation causale. Le chercheur agit ainsi sur l'une des variables pour étudier son effet sur l'autre.

5. UN APERÇU DE LA RECHERCHE QUANTITATIVE ET QUALITATIVE

Quelle est la différence entre la recherche quantitative et la recherche qualitative?

En un mot, la recherche quantitative génère des données *numériques* ou des informations qui peuvent être converties en chiffres. La recherche qualitative, d'autre part, génère des données *non numériques*.

Seules les données *mesurables* sont recueillies et analysées dans **la recherche quantitative**. **La recherche qualitative**, quant à elle, met l'accent sur la collecte de données *verbales* principalement. Les informations recueillies sont ensuite analysées de manière interprétative, subjective, impressionniste ou même diagnostique.

Voici des descriptions plus détaillées de la comparaison entre les deux types de recherche du point de vue du but et de l'usage.

Selon le but ou l'objectif de la recherche

L'objectif principal d'une recherche qualitative est de fournir une description complète et détaillée du sujet de recherche. Il est généralement de nature plus exploratoire. La recherche quantitative d'autre part, se concentre davantage dans les comptes et les classifications des caractéristiques et la construction de **modèles statistiques** et des figures pour expliquer ce qui est observé.

	Qualitatif	Quantitatif
Hypothèse	Large	Étroit
Description	Situation dans son ensemble	Axé
Type de recherche	Exploratoire	Définitif

Selon l'usage

La recherche qualitative est idéale pour les premières phases de projets de recherche alors que pour la dernière partie du projet de recherche, la recherche quantitative est fortement recommandée. La recherche quantitative fournit au chercheur une image plus claire de ce à quoi s'attendre dans sa recherche par rapport à la recherche qualitative.

	Qualitatif	Quantitatif
Phase	Tôt	Tard

6. INSTRUMENT DE COLLECTE DES DONNÉES

Le chercheur est l'instrument primaire de collecte de données dans la recherche qualitative. Ici, le chercheur utilise diverses stratégies de collecte de données, en fonction de l'orientation ou de l'approche de sa recherche.

Des exemples de collecte de données utilisés dans les stratégies de recherche qualitative sont des entretiens individuels approfondis, des entretiens structurés et non structurés, des groupes de discussion, des récits, l'analyse de contenu ou analyse documentaire, l'observation participante et la recherche archivistique.

D'autre part, la recherche quantitative utilise des outils tels que les questionnaires, les enquêtes, mesures et autres équipements pour collecter des données numériques ou mesurables.

Type de données

La présentation des données dans une recherche qualitative sous la forme des mots (à partir d'entretiens) et des images (vidéos) ou des objets (comme les artefacts). Si vous êtes en train d'effectuer une recherche qualitative, ce qui apparaîtra probablement dans votre discussion sont des chiffres en forme de graphiques. Toutefois, si vous effectuez une recherche quantitative, ce qui apparaîtra probablement dans votre discussion sont des tableaux contenant des données sous forme de chiffres et de statistiques.

Approche

La recherche qualitative est essentiellement de caractère *subjectif*, ça veut dire qu'elle cherche à comprendre le comportement humain et les raisons qui régissent ce type de comportement. Les chercheurs ont tendance à devenir subjectivement immergés dans l'objet de ce type de méthode de recherche.

Dans la recherche quantitative, les chercheurs ont tendance à rester objectivement séparés de l'objet. C'est parce que la recherche quantitative a une approche *objective* dans le sens où elle ne cherche que des mesures précises et des analyses de concepts cibles pour répondre à sa demande.

7. DÉTERMINER QUELLE MÉTHODE UTILISER

Les débats ont été en cours, pour savoir quelle méthode est meilleure que l'autre. La raison pour laquelle le dilemme n'est pas encore résolu jusqu'à présent, c'est que chaque méthode a ses propres forces et faiblesses qui, en fait, varient selon le sujet que veut discuter le chercheur. Cela nous amène à nous poser la question suivante: ê

«Quand devrait-on utiliser telle ou telle autre méthode?»

Si votre étude vise à trouver la réponse à une question par *évidence numérique*, alors vous devriez faire usage de la recherche *quantitative*. Néanmoins, si dans votre étude vous désirez expliquer plus loin pourquoi un événement particulier s'est produit, ou pourquoi un phénomène donné est arrivé, alors vous devriez faire usage de la recherche *qualitative*.

Certaines études utilisent, à la fois, de la recherche quantitative et qualitative, en laissant les deux se compléter dans les point forts de l'une ou de l'autre. Si votre étude vise à savoir, par exemple, que le comportement humain est dominant vers un objet ou un événement particulier et en même temps, vise à examiner pourquoi c'est le cas, cette étude est alors idéale pour faire usage des deux méthodes.

8. Evaluer les preuves scientifiques: la recherche qualitative vs quantitative

Le savoir médical ressort d'une combinaison de la recherche qualitative et quantitative. Lorsqu'il est question de recherche qualitative, on utilise des observations non numériques pour expliquer le «pourquoi».

Les méthodes quantitatives se fondent plutôt sur des données pouvant être quantifiées ou converties en format numérique pour expliquer le « comment ». Comme le montre le tableau ci bas, chaque approche comble un besoin différent; la plupart des chercheurs considèrent donc la recherche qualitative et la recherche quantitative comme étant complémentaires et acceptent une approche mixte.

Tableau Comparaison des méthodes de la recherche qualitative et quantitative

Recherche qualitative	Recherche quantitative
Génère des hypothèses	Vérifie des hypothèses
Est généralement inductive (part d'un cas précis pour arriver à une conclusion générale)	Est généralement déductive (part d'une théorie générale pour arriver à une explication précise)
Examine un ensemble d'idées; l'approche d'échantillonnage permet une couverture représentative des idées ou des concepts	Examine un ensemble de personnes; l'échantillonnage permet une couverture représentative des personnes dans la population
Explique « pourquoi » et « qu'est-ce que cela veut dire »	Explique « quoi », « combien » et « dans quelle mesure »
Capte des renseignements étoffés, contextuels et détaillés auprès d'un petit nombre de participants	Obtient des estimations numériques de la fréquence, de la gravité et des associations à partir d'un grand nombre de participants
Exemple de question d'étude: Quelle est l'expérience des personnes traitées pour un cancer du sein?	Exemple de question d'étude: Ce traitement du cancer du sein réduit-il la mortalité et améliore-t-il la qualité de vie?

Techniques d'échantillonnage

La plupart des études de recherche impliquent l'observation d'un échantillon issu d'une population définie. Les conclusions tirées de l'étude se fondent souvent sur la généralisation des résultats observés dans l'échantillon, à la population totale d'où a été extrait l'échantillon.

En conséquence, l'exactitude des conclusions dépendra de la qualité de la constitution de l'échantillon, et plus spécialement de la représentativité de cet échantillon vis-à-vis de la population. Nous allons discuter des problèmes majeurs que doit considérer le chercheur lors du choix de l'échantillon approprié.

Pourquoi échantillonner?

L'échantillonnage est un processus où on choisit un segment de la population pour l'observer et l'étudier. Il y a plusieurs raisons pour lesquelles on choisit des échantillons à étudier plutôt que la population totale. La première raison, et la plus éminente, est que le chercheur veut diminuer les coûts (financiers et autres) pour collecter les informations, pour traiter celles-ci et pour présenter les résultats.

Si on peut obtenir une image raisonnable de la population en observant seulement un segment de celle-ci, le choix d'un tel segment permettra au chercheur de réaliser des économies.

Lorsque l'observation porte sur un échantillon, il est évident que l'information totale sera moins étendue que si elle portait sur la population totale. Cependant dans certains cas, le temps et les ressources nécessaires pour le processus d'observation d'une population totale seraient si importants que, d'une part, les résultats ne seraient plus opportuns et, d'autre part, les observations risqueraient d'être moins fiables.

9. Qu'est-ce qui caractérise un échantillon correct?

La première préoccupation dans le choix d'un échantillon approprié est que cet échantillon soit représentatif de la population. Chaque variable considérée doit avoir la même distribution dans l'échantillon que dans la population d'où il est extrait.

Il faut donc connaître les variables et leur distribution dans la population, autrement dit, disposer des résultats de l'étude avant de l'avoir faite! Ainsi il n'est souvent pas possible d'affirmer que l'échantillon est représentatif de la population.

Cependant, les statisticiens ont proposé des moyens pour nous permettre de donner une garantie raisonnable de représentativité. Nous discuterons brièvement de certaines de ces méthodes dans les sections suivantes. Avant de constituer un échantillon, il faut définir clairement la population. Dans une enquête sur la population, il faut établir une liste de tous les individus de cette population (cadre d'échantillonnage).

Nous pouvons utiliser alors des méthodes de probabilité pour constituer un échantillon de façon à assurer la représentativité des différentes caractéristiques qui nous intéressent.

Le cadre d'échantillonnage est une liste d'éléments (unités) de la population. Dans les enquêtes sur la population, c'est une liste d'individus. Dans les essais cliniques concernant une maladie, c'est une liste des patients ayant cette maladie. Dans une étude cas-témoins, il s'agit d'une liste de personnes ayant la maladie et une liste de personnes n'ayant pas cette maladie.

Le succès de l'étude dépend de la complétude et de l'exactitude de ces listes. L'un des principaux défauts de nombreux projets de recherche est le biais de sélection du cadre d'échantillonnage. Par exemple, si un sondage par téléphone est entrepris avant une élection générale en RD Congo pour prédire quel parti va gagner, les résultats seront très vraisemblablement faux, car le cadre d'échantillonnage comprend seulement des gens aisés (qui possèdent un téléphone), et leur opinion n'est certainement pas représentative de l'ensemble de la population.

Une fois le cadre d'échantillonnage défini, il nous faut des méthodes pour sélectionner dans ce cadre les individus à inclure dans l'étude.

10. QUELLE TAILLE POUR L'ÉCHANTILLON?

L'une des décisions les plus difficiles soumises au chercheur est de fixer la taille de l'échantillon. Dans les recherches on emploie en général une démarche empirique ou une démarche analytique.

La démarche empirique consiste à adopter une taille d'échantillon analogue à celle d'études similaires. Cette démarche n'a aucune base scientifique et ne donnera satisfaction que si les erreurs de généralisation des études précédentes tombent dans des limites acceptables, et si l'étude actuelle est très similaire dans son contenu (objectifs, plan, population étudiée, etc.). Cette méthode n'est pas recommandée et ne sera pas discutée plus avant.

La démarche analytique (scientifique) pour déterminer la taille appropriée de l'échantillon à inclure dans l'étude, dépend de l'évaluation des erreurs d'inférence et de la volonté de minimiser "l'erreur d'échantillonnage".

11. TAILLE DE L'ÉCHANTILLON POUR LES ÉTUDES DESCRIPTIVES

Dans le cas des études descriptives, l'objectif est souvent d'obtenir une estimation d'un paramètre de la population. Par exemple, dans les sondages d'opinion, le responsable du marketing s'intéresse à la proportion de la population qui préfère une marque donnée. Un nutritionniste peut être intéressé par la consommation moyenne de calories par jour de la population.

Un chercheur dans le domaine de la santé peut être intéressé par la proportion de fumeurs, ou par la valeur médiane de la survie après un pontage coronarien. La détermination de la taille de l'échantillon nécessaire pour répondre à ces questions, dépend de plusieurs facteurs:

i) *Quelle est la mesure à considérer?*

Elle aura été déterminée par les objectifs de l'étude. L'identification de la caractéristique de première importance détermine les étapes suivantes du processus de définition de la taille de l'échantillon. Par exemple, si le taux de prévalence dans la population doit être estimé à partir de l'observation d'un échantillon extrait de cette population, la mesure est la proportion d'individus dans l'échantillon ayant la maladie.

ii) *Quelle est la distribution de probabilité qui sous-tend la caractéristique considérée?*

La plupart des problèmes de recherche se rattachent à l'une des deux distributions suivantes: la distribution binomiale (lorsqu'on veut estimer la proportion d'un certain événement), ou la distribution normale (lorsqu'on veut estimer une valeur moyenne). Par exemple, le responsable de marketing précédent fixe comme caractéristique la préférence d'une marque, avec deux résultats possibles.

Si on suppose qu'il y a une proportion fixe (ð) de gens préférant cette marque, alors le nombre de gens exprimant cette préférence dans n'importe quel ensemble fixe d'individus, suivra une distribution binomiale ; la proportion (p) de gens montrant cette préférence est une bonne estimation de la proportion dans la population.

Pour le nutritionniste, la consommation calorique journalière des individus suit une distribution normale ayant une certaine moyenne (μ) ; la moyenne de la consommation de calories par jour dans un échantillon de population observé (x) est une bonne estimation de la valeur relative à la population.

iii) Quelle est la distribution de la mesure due à l'échantillonnage?

L'exécution de l'inférence de l'échantillon vers la population entraîne des erreurs inhérentes qui sont mesurées par la distribution d'échantillonnage. Si nous observons plusieurs échantillons sélectionnés suivant la même méthode, les mesures effectuées sur ces échantillons seront différentes, d'où une distribution de probabilité pour la mesure sur échantillon. Cette distribution appelée distribution d'échantillonnage, dépend du type de plan d'étude et de la manière de constituer les échantillons. Dans le calcul de la taille de l'échantillon, on suppose souvent que l'échantillonnage a été fait simplement au hasard (ceci est discuté plus loin dans ce chapitre).

12. TAILLE D'ÉCHANTILLON DANS LES ÉTUDES ANALYTIQUES

Le premier objectif d'une étude analytique (ou causale) est de tester la ou les hypothèses nulles; alors, pour déterminer les tailles d'échantillons, il faut spécifier les limites d'erreurs admissibles lors du rejet ou de l'acceptation de l'hypothèse nulle (risques d'erreur de première ou de deuxième espèce).

Comme dans le cas des études descriptives, il nous faut définir la mesure utilisée pour l'échantillon (une proportion, une moyenne d'échantillon, une estimation du risque relatif ou du rapport de chances (OR), etc.) et sa distribution d'échantillonnage. Sur la base de celles-ci, on prend la décision d'accepter ou de rejeter l'hypothèse nulle.

En imposant les limites d'erreurs spécifiées pour les risques d'erreur de première et de deuxième espèce (fonctions de la distribution d'échantillonnage), on peut alors calculer la taille de l'échantillon. Par exemple, supposons que nous acceptions un risque d'erreur de première espèce α (c'est la probabilité de tirer la conclusion fausse que les deux proportions ne sont pas égales dans les groupes de population, alors qu'elles sont en fait égales).

Comparaisons entre plus de deux groupes et méthodes d'analyse multi-variée

Lorsqu'il s'agit de calculer une taille d'échantillon pour des études mettant en jeu plus de deux groupes, en comparant des proportions ou des moyennes, il faut tenir compte de plusieurs autres problèmes (par exemple: quelle comparaison est plus importante que les autres; quelles erreurs sont plus importantes: dans des comparaisons appariées ou dans l'ensemble de l'étude, etc.). En conséquence, les formules pour chacun de ces cas seront beaucoup plus compliquées.

Dans les analyses multi-variées telles que celles utilisant la régression linéaire multiple, la régression logistique ou la comparaison de courbes de survie, il n'existe pas de formules simples pour le calcul de taille d'échantillon. Dans la littérature sur la statistique sont récemment apparues des tentatives d'estimation de taille d'échantillon en utilisant des nomogrammes ou par calcul basé sur des expériences de simulation; nous ne les discuterons pas ici. Lorsqu'on planifie des expériences, l'une des étapes cruciales est de décider de l'étendue de l'étude. C'est une étape qui nécessite de faire appel à l'aide de spécialistes.

13. MÉTHODES D'ÉCHANTILLONNAGE

Une fois que la population a été identifiée et la taille de l'échantillon déterminée, il nous faut décider de la façon de choisir l'échantillon à partir de la population. La taille de l'échantillon dépendra aussi de ce choix. En conséquence, il faudrait peut-être reconsidérer le problème de la taille d'échantillon après avoir choisi la méthode d'échantillonnage. Dans la plupart des discussions de la section précédente sur la taille d'échantillon, on a supposé un échantillon prélevé au hasard.

a) *Simple échantillon au hasard*

C'est la plus courante et la plus simple des méthodes d'échantillonnage. Dans cette méthode, les sujets sont choisis dans la population avec une probabilité égale de sélection. On peut utiliser une table de nombres aléatoires, ou bien employer des méthodes telles que le tirage en aveugle d'un nombre donné de noms d'individus, rassemblés dans un chapeau. Des logiciels ont été développés récemment pour le tirage d'échantillons au hasard dans une population donnée.

Le simple échantillon au hasard présente l'avantage d'être facile à appliquer, d'être représentatif de la population à la longue, et de faciliter l'analyse directe des données sans étape intermédiaire. L'inconvénient est que l'échantillon choisi peut ne pas être fidèlement représentatif de la population, surtout si la taille de l'échantillon est petite.

b) *Échantillonnage stratifié*

Lorsque la taille de l'échantillon est faible et que nous avons quelques informations sur la distribution d'une variable particulière (par exemple le sexe: 50 % d'hommes, 50 % de femmes), il peut être avantageux de choisir de simples échantillons au hasard dans chacun des sous-groupes définis par cette variable. En choisissant la moitié de l'échantillon parmi les hommes et la moitié parmi les femmes, nous sommes assurés que l'échantillon est représentatif de la population en ce qui concerne le sexe.

Lorsque la confusion est un problème important (comme dans les études cas-témoins), l'échantillonnage stratifié diminue la confusion potentielle par le choix de sous-groupes homogènes.

c)   *Échantillonnage par grappes*

Dans beaucoup d'enquêtes administratives, les études concernent des populations nombreuses ayant souvent une grande dispersion géographique. Pour obtenir le nombre voulu de sujets pour l'étude, le simple échantillonnage au hasard devient très coûteux et peu pratique. Dans de tels cas, on peut identifier des groupements ou des grappes (par exemple des ménages) et l'étude comprendra des échantillons au hasard de ménages; ainsi chaque membre de la grappe prendra part à l'étude. Cette méthode introduit deux types de variations dans les données - entre les grappes et à l'intérieur d'une grappe - dont il faut tenir compte lors de l'analyse des données.

d)   *Échantillonnage par étapes multiples*

Nombre d'études, en particulier de grandes enquêtes au niveau national, mettent en jeu différentes méthodes d'échantillonnage dans divers groupes, qui peuvent être faites en plusieurs étapes. Dans l'expérimentation ou dans les études épidémiologiques courantes, telles que les études cas-témoins ou les études de cohortes, ces méthodes d'échantillonnage sont peu utilisées.

14.   LES ERREURS LIÉES A L'ÉCHANTILLON
Erreurs dans l'inférence

Il est nécessaire de maîtriser deux sources d'erreurs courantes qui résultent des problèmes liés à la "fiabilité" et à la "validité". L'inférence doit avoir une fiabilité élevée (si les observations sont répétées dans des conditions similaires, les inférences doivent être similaires) et une validité assurée (l'inférence doit refléter la nature vraie de la relation).

La fiabilité et la validité des inférences dépendent de la fiabilité et de la validité des mesures (mesurons-nous la bonne caractéristique? avec exactitude?), ainsi que de la fiabilité et de la validité des échantillons choisis (partons-nous d'une vraie représentation de la population pour effectuer les inférences?).

La fiabilité de l'échantillon est obtenue en choisissant un échantillon de grande taille, et la validité est assurée en vérifiant que le choix de l'échantillon est sans biais. En termes statistiques, la fiabilité est mesurée par l'erreur aléatoire et la validité par le biais.

a. *Fiabilité*

Fiabilité des mesures

Si des mesures répétées d'une caractéristique d'un même individu et dans des conditions identiques, donnent des résultats similaires, on peut dire que la mesure est fiable. Si on répète des observations indépendantes et si on détermine la distribution de probabilité, l'écart-type des observations donne une mesure de la fiabilité.

Si la mesure a une fiabilité élevée, l'écart-type doit être plus petit. Une façon d'accroître la fiabilité est de prendre la moyenne d'un certain nombre d'observations (car la moyenne présente un écart-type - erreur sur la moyenne - plus petit que l'écart-type des observations individuelles).

b. *Validité*

Une mesure est dite valide si elle s'applique à ce qu'elle est censée mesurer. Lorsqu'une mesure n'est pas valide, on dit qu'elle est biaisée. Le biais est une erreur systématique (contrairement à l'erreur aléatoire) qui dévie l'observation d'un seul côté de la vérité.

Ainsi, si nous utilisons une balance qui n'est pas réglée au zéro, les poids mesurés avec cette balance seront biaisés. Pareillement, si un échantillon est biaisé, les résultats tendent à être biaisés (par exemple un échantillon contenant plus d'hommes que la proportion d'hommes dans la population, ou comparaison de cas choisis parmi les patients hospitalisés et de témoins choisis dans la population générale, dans une étude cas-témoins).

15.   RÉSUMÉ

L'échantillonnage a pour enjeu de pouvoir mettre en place un processus de prélèvement permettant de limiter le coût et le temps d'une étude statistique tout en s'assurant que les observations seront généralisables à l'ensemble de la population (effectuer une « **inférence** »).

Ce concept est apparu pour la première fois dans l'ouvrage « De ratiocinais in alêne ludo » publié en 1657 par le scientifique hollandais Christiaan Huygens. Mais ce ne sera qu'au court du $XX^{\text{ème}}$ siècle que ces méthodes seront reconnues.

D'une première évidence, plus la taille de l'échantillon est grande et plus la fiabilité des observations sera importante. Evidemment, la méthode la plus fiable étant le recueil exhaustif des données. Toutefois, pour des raisons de coûts, de délais ou encore de possibilités, l'échantillonnage permet d'identifier un nombre d'individu qui sera le plus représentatif de la population.

A noter:

- N : Taille de la population

- n : Taille de l'échantillon

CHAPITRE 5

LES ERREURS LORS D'ÉTUDES ÉPIDÉMIOLOGIQUES

Il s'agira ici de connaître les stratégies visant à minimiser les biais et facteurs confondants.

Toutes les études épidémiologiques sont susceptibles d'inclure des erreurs car elles sont basées sur des mesures qui ne sont jamais parfaites.

Il existe 2 types d'erreurs pouvant affecter les conclusions d'une étude: Les erreurs aléatoires et les erreurs systématiques. Ces 2 types d'erreurs ont des conséquences différentes sur les conclusions d'une étude. Voici un schéma résumant les types d'erreur:

1. Erreurs aléatoires

2. Erreurs systématiques

    Biais de sélection

        Biais d'échantillonnage

        Biais de recrutement

        Biais d'auto sélection

        Biais d'indication

65

Biais par survie sélective

Biais d'information ou d'observation

Biais de rappel

L'effet Hawthorne

Biais d'évaluation

Biais par perte de suivi

1. LES ERREURS ALÉATOIRES

Les erreurs aléatoires sont des erreurs dont la distribution est exclusivement attribuable au hasard. Elles ont tendance à diminuer la précision des résultats parce que les valeurs mesurées sont plus éloignées de la valeur réelle.

Ainsi la valeur moyenne obtenue devrait normalement ressembler à la VRAIE valeur de la moyenne mais l'intervalle de confiance augmentera avec l'imprécision. La précision d'une estimation est proportionnellement reliée à la taille (n) de l'échantillon et inversement reliée à la variabilité (X) du paramètre étudié.

Les erreurs aléatoires font que les divers groupes ont tendance à se ressembler. Ceci biaise les résultats vers l'hypothèse nulle qu'il n'y a pas de différence entre les 2 groupes.

L'utilisation d'une méthode de mesure plus précise permet de diminuer les erreurs aléatoires et, par conséquent, la variabilité des résultats. D'autre part, un observateur nonchalant ou quelqu'un qui fait des erreurs en transcrivant les résultats dans la base de données augmente le taux d'erreurs aléatoires amenant une baisse de la précision (intervalle de confiance plus large). Plus l'intervalle de confiance est étroit, meilleure est la précision d'une mesure.

Voici quelques causes d'erreurs aléatoires:

- un instrument de mesure mal calibré ou défectueux;

- une grande variabilité temporelle de la mesure;

- des participants qui ne répondent pas correctement à un questionnaire;

- des erreurs de transcription dans la base de données.

Toutes ces erreurs diminuent la précision de l'étude et augmente l'intervalle de confiance des résultats. Cela a pour effet de minimiser les chances de trouver une différence entre 2 groupes ou de noter une relation entre un facteur de risque et un événement.

Voici une représentation graphique de deux études. La courbe représente la distribution des résultats obtenus pour une mesure. La première étude contient peu d'erreurs aléatoires tandis que la deuxième en contient beaucoup. On voit donc une courbe de distribution plus étendue pour la deuxième étude.

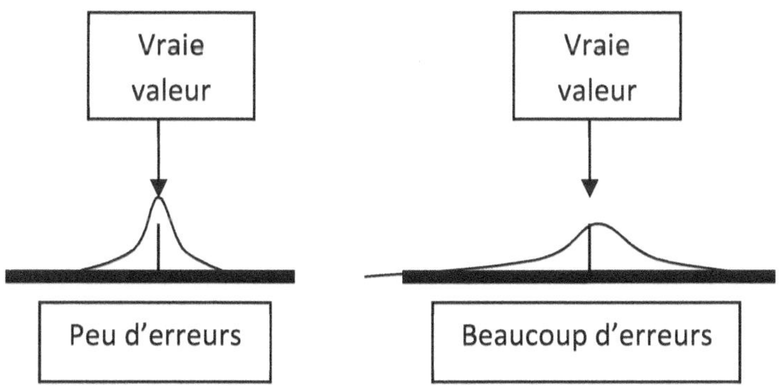

2. LES ERREURS SYSTÉMATIQUES

Les erreurs systématiques sont des erreurs qui se produisent lorsque la probabilité de commettre une erreur est différente pour les 2 groupes à évaluer. Il s'agit donc d'erreurs qui se font toujours dans un sens (systématique). Ceci créé un déséquilibre menant à une conclusion biaisée.

On définit le biais par la présence d'erreurs systématiques dans une étude menant à une évaluation erronée de la relation entre l'exposition et la maladie. La présence de biais nuit à la validité des résultats. Contrairement au hasard, il est très difficile de quantifier un biais. Il faut donc tout faire pour minimiser les risques de biais dans l'élaboration de la méthodologie des études.

Il existe peu de liens entre la précision (reliée aux erreurs aléatoires) et les biais (relié aux erreurs systématiques); Une étude peut avoir des résultats très précis (reproductibles) mais qui ne reflètent pas la réalité (biaisé) et vice-versa.

Voici une représentation graphique de deux études ayant peu d'erreurs aléatoires. La première ne contient pas d'erreur systématique tandis que la deuxième en contient.

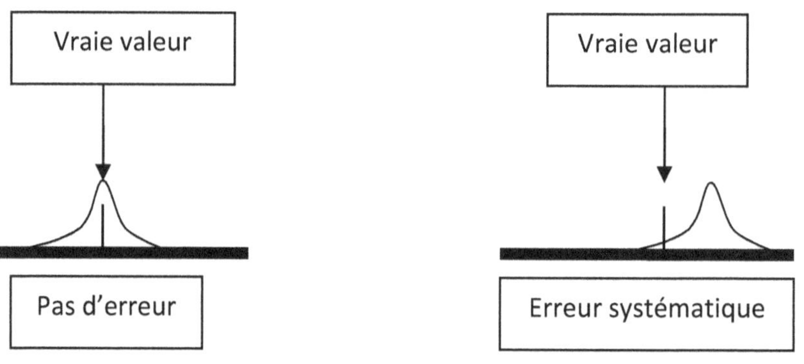

3. LES TYPES DE BIAIS

On différencie trois grands types de biais.

- Le biais de sélection qui est relié au mode de recrutement des patients dans l'étude.
- Le biais d'observation est relié à l'évaluation du patient une fois qu'il est recruté.
- Le biais d'analyse qui se caractérise par la présence d'un autre facteur confondant reliée à l'exposition et au devenir du patient. Ce type de biais sera discuté plus loin.

3.1. Les biais de sélection

Les biais de sélections se produisent au moment d'inclure un participant dans une étude. Il peut s'agir de l'inclusion de patients qui ne représentent pas la population générale qu'ils doivent représenter (lors d'étude descriptives) ou du recrutement différentiel de patients selon leur exposition (lors d'étude analytiques). Il y a généralement un biais de sélection lorsque l'identification des participants selon leur statut d'exposition (dans une étude de cohorte) ou de maladie (dans une étude cas-témoin) est aussi influencée par un autre aspect impliqué dans de la relation exposition-outcome.

- Les biais *d'échantillonnage* se produisent lorsque les participants recrutés ne sont pas représentatifs de la population générale qu'ils doivent représenter. Ces participants possèdent certaines caractéristiques différentes de la population générale. On retrouve ce type de biais dans les études descriptives (pour mesurer la prévalence, incidence, etc.).
- Les biais de *recrutement* se produisent lorsque le système (ou la personne responsable) de recrutement fait en sorte que les participants choisis possèdent certaines caractéristique reliées à la maladie d'intérêt.

On retrouve ce type de biais dans les études analytiques (Exemple cas-témoin).

- Les biais *d'auto-sélection* se produisent lorsque les participants doivent s'inscrire eux-mêmes pour participer à l'étude (volontaire). Les volontaires ne représentent habituellement pas la population générale.

- Les biais *d'indication* se produisent lorsque le facteur d'exposition étudié fait partie des critères de diagnostic utilisés par les médecins ou augmente la possibilité de détecter la maladie.

- Enfin les biais *par survie sélective* se produisent lorsque le décès précoce de certains patients les empêche de participer à l'étude.

3.2. Les biais d'information ou d'observation

Les biais d'observation résultent d'erreurs systématiques dans la collecte de l'information au sujet de l'exposition ou du devenir après que le participant fut recruté. On retrouve ces biais dans tous les types d'études parce qu'ils concernent l'évaluation du participant après qu'il fut recruté ou même randomisé. Le risque de biais est plus élevé lorsque l'évaluateur en charge de déterminer le statut du patient (cas/témoin ou exposé/non-exposé) connaît déjà l'autre statut de l'axe exposition-outcome. Voici différents types de biais d'observation.

- Les biais de *rappel* se produisent dans les études rétrospectives lorsque les participants ont des souvenirs différents de leur exposition selon leur groupe. La différence de rappel peut être secondaire aux connaissances et idées préconçues du patient ou de l'évaluateur.

- L'effet «*Hawthorne*» est un autre type de biais relié au comportement des participants à une étude prospective. La rationnelle de cet effet est que les gens agissent différemment lorsqu'ils se savent observés. Ainsi, ils adopteront habituellement des comportements plus sains ou socialement plus acceptables. Il est possible que cette amélioration modifie les différences entre divers groupes étudiés.

- Les biais *d'évaluation secondaire* aux évaluateurs sont fréquents. La connaissance préalable des facteurs d'exposition suspects (biais par suspicion d'exposition) ou des pathologies concernées (biais par suspicion diagnostique) peut entraîner un "excès de zèle" de l'évaluateur, l'amenant à rechercher préférentiellement les facteurs d'exposition évoqués ou à approfondir l'enquête auprès des seuls sujets malades, cela afin de trouver "quelque chose".

- Les biais *par perte de suivi* (lost to follow-up) peuvent se produire lors de toutes les études prospectives et ils constituent l'un des rares biais possibles lors d'étude clinique randomisée. Il est bien connu que les patients perdus au suivi ont généralement un moins bon devenir que ceux qui restent dans l'étude. Le risque de biais est élevé si les taux de perte au suivi sont différents dans les 2 groupes étudiés.

Les erreurs de classification des participants pourra avoir des effets divers selon qu'elles soient différentielles ou non : Les erreurs de classification non-différentielles sont des erreurs qui se produisent avec des taux semblables dans des directions semblables pour les divers groupes étudiés. Ces erreurs biaiseront toujours les études vers l'hypothèse nulle car il s'agit d'erreur distribuée au hasard qui font que les différents groupes se ressembleront de plus en plus. Les erreurs de classification différentielles sont des erreurs qui se produisent différemment pour les 2 groupes. Par exemple, un évaluateur surévaluera le taux d'exposition dans le groupe cas et sous-évaluera l'exposition chez les contrôles. Ce type d'erreur peu biaiser les conclusions dans n'importe quelle direction. Voici des exemples d'erreurs de classifications différentielle et non-différentielle.

Étude cas-témoin sur le risque de mort subite du nourrisson et le fait de dormir sur le ventre. Voici les VRAIES valeurs:

	Exposition +	Exposition -
Cas	20	80
Témoin	10	90

Odds ratio: (20/80) / (10/90)   = 2.25

Voici la même étude où les chercheurs se sont trompés dans l'assignation de l'exposition chez 10 patients dans chaque groupe au hasard: Erreur non différentielle

	Exposition +	Exposition -
Cas	20-2 +8 = 26	80-8+2 = 74
Témoin	10-1+9 = 18	90-9+1 = 82

Odds ratio: (26/74) / (18/82)   = 1.67

Voici la même étude où les chercheurs se sont trompés dans l'assignation de l'exposition chez 5 patients dans chaque groupe: ils ont surestimé l'exposition des cas et sous-estimé l'exposition des témoins: Erreur différentielle

	Exposition +	Exposition -
Cas	25	75
Témoin	5	95

Odds ratio: (25/75) / (5/95)   = 6.33

4. COMMENT PRÉVENIR LES BIAIS

Il fut mentionné plus haut qu'il est très difficile de quantifier les biais au niveau statistique. La raison majeure de ce fait est qu'on n'est habituellement pas au courant de ces erreurs provenant du système, des évaluateurs ou des participants. L'absence de quantification nuit considérablement à l'évaluation critique des résultats d'une étude. Le seul remède aux biais est de les prévenir avant qu'ils ne se produisent. Il faut donc prévoir dans le dessin d'une étude quels seront les moyens utilisés pour prévenir les biais. En général, on minimise le risque de biais en augmentant la rigueur et l'objectivité de la sélection et de la collecte d'information et en gardant les patients et évaluateurs le plus ignorant possible face au but de l'étude. Ces moyens seront habituellement décrits dans la section procédure de la méthode des articles scientifiques. Voici plusieurs moyens utilisés pour minimiser les biais.

Biais de sélection

- Avoir plusieurs groupes de contrôle différents

- Standardiser les procédures de recrutement

- Ne pas dévoiler aux participants l'hypothèse de l'étude

- Ne pas dévoiler aux évaluateurs l'hypothèse de l'étude

- Utiliser la randomisation dans une population pour le choix des participants

- Utiliser la randomisation dans l'assignation des traitements

Biais d'information

- Assurer un suivi comparable aux divers groupes

- Avoir une évaluation standardisée

- Ne pas dévoiler aux participants l'hypothèse de l'étude,

- Ne pas dévoiler aux évaluateurs l'hypothèse de l'étude

- Utiliser la randomisation dans l'assignation des traitements

- Garder les évaluateurs à l'aveugle face à l'exposition

5. LES FACTEURS CONFONDANTS

Un facteur confondant est un facteur qui biaise les résultats de l'étude parce que son association avec l'exposition et la maladie fait faussement croire que l'exposition est associée à la maladie. Contrairement aux types de biais précédemment décrits, les facteurs confondants sont des facteurs conduisant à des résultats erronés que l'on peut quantifier. On peut aussi en tenir compte dans l'analyse afin d'en éliminer l'effet.

On définit un facteur confondant par la présence obligatoire de 3 critères:

- le facteur confondant est associé à l'exposition;

- le facteur confondant est associé au devenir (outcome);

- cette association se fait de façon indépendante de l'exposition: le facteur confondant n'intervient pas directement dans la relation exposition-outcome.

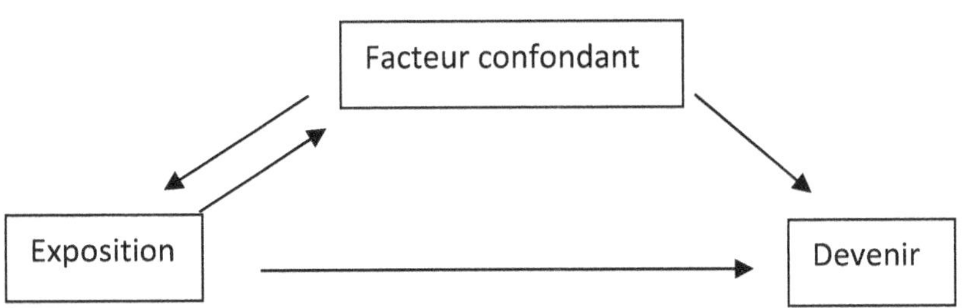

Voici un exemple.

Dans une étude sur le taux d'accident de voiture et l'utilisation de téléphone cellulaire, on constate une forte association.

Voici le tableau des résultats.

	Cellulaire +	Cellulaire -
Cas (accident)	35	90
Témoin (pas d'accident)	15	70

OR: (35/90) / (15/70) = 1.8

Un chercheur voit ces résultats et suggère qu'il pourrait y avoir un important facteur confondant: l'âge. Les jeunes de moins de 25 ans ont beaucoup plus d'accident de voiture et ils sont beaucoup plus fréquents à posséder un téléphone cellulaire. Voici 2 tableaux de la même étude selon que les participants aient < 25 ans ou > 25 ans.

Pour les moins de 25 ans

	Cellulaire +	Cellulaire -
Cas	30	60
Témoin	5	10

OR: (30/60) / (5/10) = 1.0 (pas d'association)

Pour les plus de 25 ans

	Cellulaire +	Cellulaire -
Cas	5	30
Témoin	10	60

OR: (5/30) / (10/60) = 1.0 (pas d'association)

On voit donc que l'utilisation n'est pas un facteur de risque d'accident pour les gens de moins de 25 ans ni pour ceux de plus de 25 ans !!!! Par contre, lorsqu'on les regroupe sans considérer l'âge, on obtient une association. Ceci est une belle démonstration d'un facteur confondant. On voit que l'âge est associé avec l'exposition (les plus jeunes ont plus de téléphones) et avec l'outcome (les jeunes ont plus d'accident). De plus, l'âge n'intervient pas directement dans la relation cellulaire-accident.

D'autres exemples seraient:

- relation calvitic-consommation de bière: un facteur confondant pourrait être le sexe;

- relation # de téléviseur à la maison-cancer de la prostate: l'âge ou le niveau socio-économique pourraient être des facteurs confondants.

Il existe 2 façons de démontrer la présence d'un facteur confondant.

- On évalue l'association entre l'exposition et le devenir de façon séparée pour les diverses strates du présumé facteur confondant. Si les 'OR' sont tous semblables à la valeur du 'OR' total, il n'y a pas de facteur confondant. Si les 'OR' sont semblables pour les diverses strates mais différentes du résultat total, il faut suspecter un facteur confondant. Cela fut démontré dans les tableaux précédents.

- On peut aussi montrer qu'il existe une association entre le facteur confondant et l'exposition et une association entre le facteur confondant et le devenir (outcome). Voici les tableaux pour l'exemple précédent.

Tableau de l'association âge et cellulaire

	Cellulaire +	Cellulaire -
Âge < 25 ans	35	70
Âge > 25 ans	15	90

OR: (35/70) / (15/90) = 3.0

Tableau de l'association âge et accident

	Accident	Témoin
Âge < 25 ans	90	15
Âge > 25 ans	35	70

OR: (90/15) / (35/70) = 12.0

On voit donc une association entre l'âge et l'exposition (OR 3) et entre l'âge et le devenir (OR12). L'âge est donc un facteur confondant puisqu'il n'est pas impliqué directement dans la relation cellulaire-accident.

Management des facteurs confondants

On peut prévenir les facteurs confondant à la phase de l'élaboration d'une étude ou en tenir compte lors de son analyse.

Voici 3 méthodes de contrôle lors de l'élaboration.

- *La restriction*: Pour confondre, un facteur doit être présent en fréquence variable dans les divers groupes (exposé vs non). Une façon de contrecarrer cette variabilité est de restreindre la participation à l'étude qu'à certains individus selon leur statut face au facteur confondant. On peut, par exemple, restreindre l'étude qu'aux hommes, qu'aux enfants d'un certain âge ou membre d'une seule communauté ethnique. La restriction est simple à appliquer mais elle diminue souvent de beaucoup le nombre de participants potentiels et elle ne permet pas de conclure pour les patients qui n'étaient pas dans les strates évaluées. On limite donc la généralité des résultats.

- *L'appariement:* Dans ce type de procédé, les participants sont recrutés afin d'avoir une distribution équitable des facteurs confondants parmi les divers groupes. Cette technique permet d'évaluer toutes les strates du facteur confondant. Pour chaque participant recruté, il y aura un autre participant ayant une valeur semblable du facteur confondant recruté dans l'autre groupe. Les désavantages principaux de l'appariement sont que c'est difficile à faire, que l'on perd beaucoup de participants et que l'analyse est plus complexe.

- *La randomisation*: Cette technique est la procédure de choix pour éliminer les facteurs confondants. Un avantage indéniable par rapport aux autres méthodes, est que cette technique permet de minimiser les facteurs confondants inconnus. Malheureusement, elle ne s'applique que pour les études où il y a une intervention. Elle est inapplicable pour les études de cohorte ou cas-témoin.

Voici deux méthodes de contrôle appliquées à la phase d'analyse pour le contrôle des facteurs confondants.

- *L'analyse stratifiée*: Il s'agit d'une technique où l'on évalue la relation exposition-outcome pour diverses strates du facteur confondant (voir l'exemple plus haut). On peut ainsi rapporter le ratio de cote pour chaque strate. Ceci se rapporte bien lorsqu'il n'y a que deux strates (homme-femme, jeune-vieux) mais il est beaucoup plus laborieux lorsqu'il y a plusieurs strates (multiple groupes d'âge, ethnie, etc.). Il serait, par exemple, beaucoup plus fastidieux de lire un article qui rapporterait les ratios de cotes pour toutes les strates d'une étude où l'on a divisé l'âge des participants en 6 groupes. Une valeur sommaire peut être calculée en accordant un poids relatif à chaque strate. Plusieurs techniques ont été décrites mais la plus populaire est celle qui fut décrite par Mantel et Haenszel. Pour cette technique, on accorde un poids relatif à chaque strate. Ce poids est inversement proportionnel à la variance de la strate. Ainsi les strates contenant plusieurs participants ou ayant une faible variabilité auront une faible variance et auront un poids plus important dans le calcul. D'autre part, les strates avec peu de participants et, par conséquent, des variances larges auront peu d'influence sur le résultat global. Une dérivation mathématique complexe (au-dessus du niveau de ce cours) a permis d'en arriver aux formules suivantes.

- o Pour une étude cas-témoin : OR_{MH} = □□ad/T) / □□bc/T)

- o Pour une étude de cohorte : RR_{MH} = □□a*(c+d) / T) / □□c*(a+b)/T)

- o Pour le tableau suivant :

	Cas	Control	
Exposé	A	B	a+b
Non exposé	C	D	c+d
	a+c	b+d	T

- o Ces analyses sont fréquentes et facilement accomplies par un ordinateur. Elles permettent de rapporter une valeur unique, non-biaisée par les facteurs confondants. On peut calculer la magnitude d'effet confondant en comparant les valeurs obtenues en utilisant tous les résultats (Ratio de cote cru) et les valeurs ajustées (Mantel haenszel). Plus la différence est grande, plus il y a un effet confondant.

- *L'analyse multi-variée* est la technique de choix de nos jours. Le perfectionnement des ordinateurs a permis de généraliser l'utilisation de l'analyse multi-variée. L'avantage principal de cette technique est qu'elle permet d'évaluer une multitude de facteurs en même temps. On peut donc faire l'analyse de plusieurs facteurs ainsi que voir les interactions qu'il y entre eux. Cette analyse se fait généralement par l'utilisation du modèle mathématique de la régression linéaire multiple. Un désavantage est qu'il faut connaître le facteur confondant pour recueillir les informations à son sujet.

6. BIAIS DE CONFUSION

L'expression «*biais de confusion*» (en anglais confounding factors) désigne un ensemble d'erreurs qui peuvent survenir dans l'interprétation des liens entre la **variable dépendante** et la **variable indépendante** lors de l'analyse de résultats expérimentaux du fait de l'interférence d'autres variables qui ont été insuffisamment contrôlées par le protocole de recherche.

7. EVITER LES BIAIS DE CONFUSION

Pour éviter les biais de confusion, le protocole expérimental idéal consiste à réaliser une étude comparative, randomisée et à double insu. La comparaison entre deux (ou plusieurs) groupes appariés isole l'effet de la variable indépendante. La randomisation limite l'effet de variables parasites non contrôlées en assurant la distribution statistique entre les groupes. La procédure d'insu protège la mesure des résultats des attentes des chercheurs et de la présomption des sujets.

8. PRINCIPAUX CRITÈRES D'INCLUSION
Critères d'inclusion et de non inclusion (ou critères d'éligibilité)

Les critères d'inclusion et de non inclusion définissent les caractéristiques des personnes qui doivent être incluses dans une étude.

Les critères d'inclusion sont des critères positifs décrivant les caractéristiques que doivent présenter les personnes pour être incluses.

Les critères de non-inclusion sont des critères négatifs, c'est à dire qu'ils décrivent les caractéristiques que ne doivent pas présenter les personnes pour être incluses dans l'essai.

C H A P I T R E 6

LES PRINCIPALES MÉTHODES DE COLLECTE DE DONNÉES

1. LES TYPES DE MÉTHODES DE COLLECTE DE DONNÉES

Les méthodes de collecte de données sont variées et le choix de l'une d'entre-elles dépend essentiellement de la nature des objectifs et des hypothèses retenues. Pour chaque recherche, il faut concevoir et construire un instrument et une technique adaptés.

Selon le géographe britannique Haggett (1977) trois grandes catégories de collecte de données peuvent être reconnues (fig. 6.1):

- les observations sur le terrain,

- les documents administratifs et d'archives,

- les données par enquête.

Fig. 6.1. Sources de collecte de données

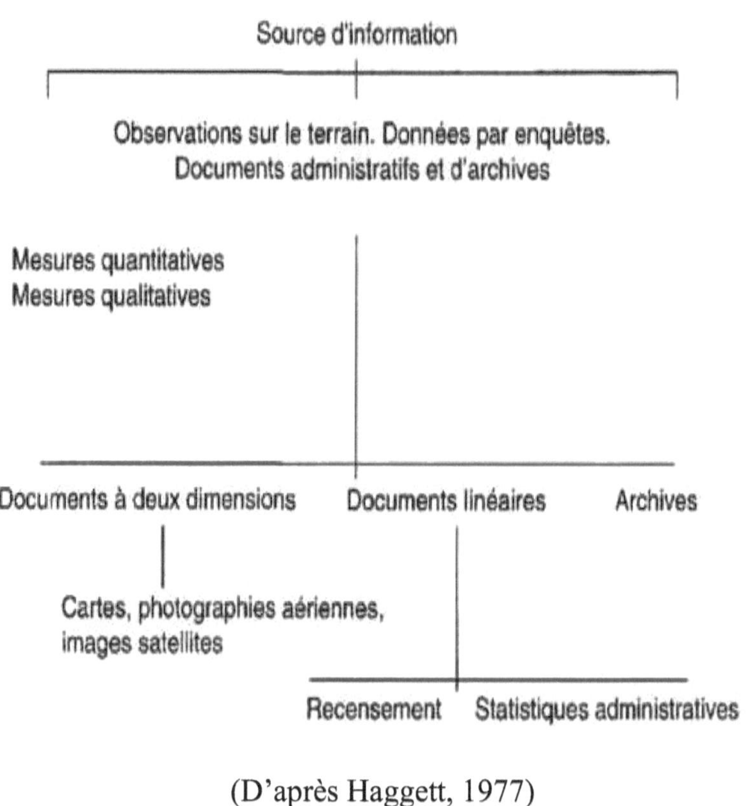

(D'après Haggett, 1977)

Le chercheur utilise des données de source primaire i.e. des données recueillies par le chercheur lui-même, étant admis qu'il existe une collecte de données primaires plus ou moins structurées, des méthodes d'observation dont le principe de base est de recueillir, de classer, de schématiser et de simplifier les informations recueillies sur le terrain. Ces observations peuvent correspondre à un événement, à une situation donnée dans un contexte social, économique ou politique particulier, etc., à un phénomène spatial ou géographique. Ces informations sont recueillies méthodiquement dans le but d'en faire une description. Dans certaines situations, il arrive que l'observation sur le terrain soit la seule méthode de collecte de données possible: c'est le cas par exemple de recherches touchant aux comportements d'individus ou de groupes.

Les méthodes plus formelles s'appuient notamment sur les enquêtes par questionnaire. Cette méthode est utile et très souple car elle s'adapte facilement aux exigences de la recherche. En effet, le questionnaire est un instrument normalisé dont la structure et le contenu sont construits en fonction des objectifs initiaux de la recherche considérée. Lorsque l'on a recours à des enquêtes par échantillons, les contraintes s'avèrent plus fortes. Dans ce cas, il faut retenir une stratégie d'échantillonnage, préparer le mécanisme d'enquête, déterminer la taille de l'échantillon, mettre au point le questionnaire, réaliser un pré-test du questionnaire, etc. D'autres méthodes de collecte de données font appel aux techniques de terrain et imposent notamment des vérifications et des contrôles de validité et de fidélité, la collecte et l'extraction d'informations à partir de documents cartographiques ou d'images satellitaires, etc.

Outre ces données primaires, existent des données secondaires produites par d'autres chercheurs ou encore des organismes publics, parapublics ou privés ; c'est le cas des recensements nationaux et des statistiques produites par les administrations.

2. L'ENQUETE ET L'ENTREVUE

Parmi les méthodes de cueillette de données les plus utilisées figurent l'enquête et l'entrevue. Ce sont des instruments de cueillette qui n'appartiennent en propre à aucune discipline; ils sont largement employés en sciences humaines et en sciences sociales. Le principal avantage de l'enquête et de l'entrevue est certainement la possibilité de recueillir des données originales sur un groupe ou une catégorie sociale. Le second avantage, et non le moindre, réside dans la communication directe avec les sujets de l'étude dans un contexte social et géographique donné. Notons que l'entrevue permet la cueillette de données aussi bien subjectives qu'objectives.

De manière générale, on identifie quatre types d'entrevue ou d'enquête:

- l'entrevue d'exploration,
- l'entrevue via l'informateur-clé,
- l'entrevue centrée et
- l'entrevue par échantillon.

L'entrevue *d'exploration* est souvent utilisée à l'amont d'une recherche ou dans une recherche de type exploratoire. Elle est utile pour définir ou préciser une question que l'on désire étudier en profondeur ou tout simplement pour explorer les différentes dimensions de cette même question. Tout travail sur le terrain implique très souvent des entrevues plus ou moins structurées et plus ou moins formelles.

L'entrevue *via un informateur-clé* consiste à identifier et à questionner des personnes-ressources qui ont une compétence spécifique par rapport au sujet retenu. Ces personnes sont des acteurs dont les rôles leurs confèrent un statut particulier dans un groupe ou dans une communauté. Elles constituent des « experts » qui peuvent nous aider à documenter la question ou le sujet de recherche. Le choix de ces informateurs est fonction de leur position sociale, de leur compétence, de leur expérience, de leur rôle dans la communauté, de leur aptitude à communiquer (oralement ou par écrit) etc.

L'entrevue *centrée* consiste à étudier en profondeur un sujet précis souvent à partir d'un protocole ou d'un schéma d'entrevue prédéfini. Ce schéma contient une liste de questions ou de thèmes, que le chercheur aborde successivement lors de l'entretien. Les entrevues centrées peuvent être utiles dans le cas d'un échantillonnage à plusieurs phases.

L'entrevue *sur échantillon* passe par le questionnaire qui est normalisé puis administré auprès d'un échantillon de sujets ou d'enquêtés choisis aléatoirement ou non.

4. UNE MÉTHODE PRIVILEGIÉE: L'ENQUETE PAR ÉCHANTILLON

4.1. *Définition et objectifs de l'enquête*

L'enquête correspond à une méthode de collecte de données consistant à interroger des individus qui appartiennent à une population choisie ou à un échantillon représentatif de cette population-mère. Le travail d'enquête est très exigeant; il comporte plusieurs étapes essentielles. Lors de chacune d'elles, le chercheur doit être vigilant afin d'assurer la qualité des données recueillies.

L'avantage principal de l'enquête est qu'elle permet de recucillir des données de nature très variée:

- des données se rapportant à la personne enquêtée i.e. des données sur le profil socio-économique : l'âge, le revenu, le niveau d'instruction, l'affiliation religieuse, l'appartenance ethnique, la profession, etc.;

- des données concernant le ménage;

- des données sur le milieu de vie ou le voisinage;

- des données concernant les opinions.

L'enquête se traduit par un entretien entre l'enquêté et l'enquêteur. Cet entretien peut être structuré ou non.

Un entretien non structuré est souvent centré sur un événement ou sur un thème particulier et ne comporte pas de liste de questions préétablies à l'avance. Il s'appuie plutôt sur une liste de contrôle abordant plusieurs sujets.

Un entretien non-structuré est très utile pour explorer une question. Se rappeler néanmoins que la codification des réponses est très délicate et sujette à interprétation de la part de l'enquêteur.

Un entretien structuré impose à chaque répondant une série de questions déjà établies à l'avance. Les réponses sont notées sous une forme codée ou pré-codée.

Une question pré-codée demande au sujet de choisir lui-même les réponses préétablies parmi une liste d'énoncés.

Une question codée est une question où l'enquêteur classe lui-même la réponse.

Une question post-codée est une question où la codification se fait après l'enquête (cas des questions ouvertes pour lesquelles on effectue ultérieurement une catégorisation).

Il est important de bien articuler les objectifs de la recherche elle-même avec les objectifs de l'enquête. Pourquoi entreprendre une enquête? Peut-être y a-t-il une absence de données sur le sujet étudié ou constate-t-on des lacunes importantes dans la qualité et la nature des données? Il importe alors de définir la nature et les types de données à collecter en fonction des objectifs et des thèmes retenus auprès de la population-cible i.e. celle visée par l'enquête. Ne pas oublier qu'il peut être utile d'analyser les enquêtes déjà menées antérieurement sur le sujet de recherche retenu.

4.2.   *Les principales étapes d'une enquête par échantillon*

Comment s'assurer de la réussite d'une enquête par échantillon? La qualité des résultats dépend du zèle que le chercheur met au service d'une démarche rigoureuse et à l'attention qu'il porte aux menus détails. C'est pourquoi la mise en œuvre d'une enquête mérite une attention de tous les instants.

La réalisation d'une enquête par échantillon doit impérativement passer par les étapes suivantes:

- objectifs de l'étude et justification de l'enquête,
- choix de la méthode.

Il est indispensable de préciser les objectifs de l'enquête et les thèmes ou sujets qui seront traités, de justifier cette enquête en démontrant en quoi elle va répondre aux questions qui sont à l'amont de la recherche, de fournir explicitement les raisons qui imposent un recours à l'enquête. En d'autres mots, une définition claire des objectifs permet de cerner le contenu de l'enquête ainsi que les thèmes à aborder. La pertinence de l'enquête dépend de la précision et du degré de confiance des données, des caractéristiques de la population-cible, des sujets ou des thèmes étudiés, de la taille de l'échantillon et des ressources disponibles (temps et budget).

5. LA POPULATION-CIBLE

En premier lieu, il s'agit de définir la population à échantillonner. Quelles sont les caractéristiques de cette population-cible? Cette phase est essentielle afin d'identifier les caractéristiques des futures enquêtes.

6. LA COLLECTE DE L'INFORMATION DE BASE

Cette étape vise à recueillir des données de base concernant la population-cible afin de préparer la stratégie d'échantillonnage et de décider de la taille de l'échantillon. Cette phase peut s'appuyer sur des possibles recensements ou autres statistiques administratives. C'est l'étape également où l'on recueille des informations de base sur les sujets qui vont être étudiés en organisant des groupes de discussions où se rassemblent quelques sujets ou bien un petit nombre d'entretiens semi-structurés avec quelques enquêtes.

7. PLANIFICATION DU BUDGET ET DU TEMPS

Quelles sont les ressources financières disponibles? Il est indispensable de préparer un budget en tenant compte des coûts de la main d'œuvre, des frais de transports, des frais téléphoniques, des frais de photocopies, etc. Quelle est la durée de l'enquête? Quelles sont les contraintes de temps? Un calendrier de travail doit être élaboré précisant la nature et la durée de chacune des étapes. Encore une fois, la prise en compte des contraintes de budget et de temps est un élément essentiel pour la réussite ultérieure de l'enquête.

8. ETAPES D'UNE RECHERCHE PAR ENQUETE

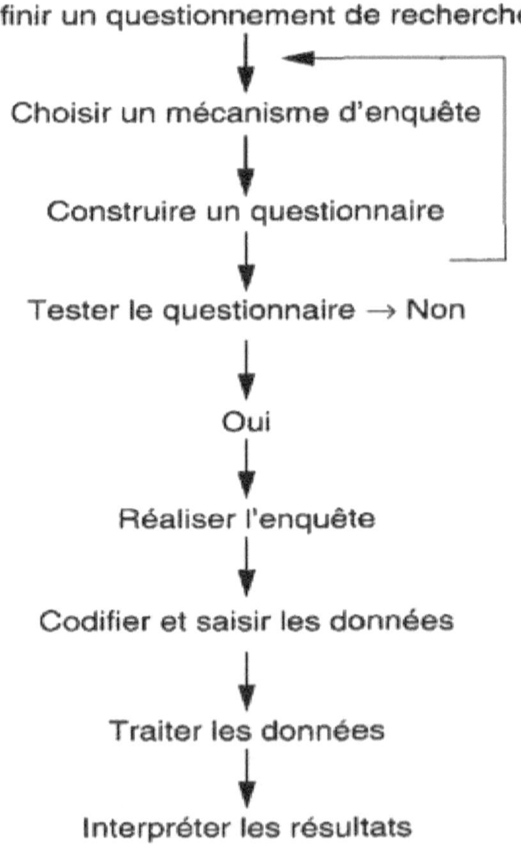

9. Choix du mode d'administration du questionnaire

Ce choix a des conséquences directes sur le temps qui sera nécessaire pour réaliser l'enquête sur les types de questions, le nombre de questions, les coûts, etc. Quelle sera la méthode de collecte? Est-ce par entrevue directe ou par questionnaire postal, par téléphone, par interception? Chacun de ces mécanismes d'enquête comporte des avantages comme des désavantages. Il convient de bien les connaître avant d'effectuer un choix pertinent.

La base d'échantillonnage

C'est la base de sondage. Quelle est la qualité de la base d'échantillonnage? Est-elle complète? Y a-t-il des omissions, des dédoublements? La base d'échantillonnage constitue l'outil de référence d'où seront extraits les sujets ou les objets. La base de sondage peut être une carte d'où seront prélevés des objets, une liste ou un fichier de noms comme l'annuaire téléphonique, une liste de membres d'une association, etc.

Constitution de l'instrument d'enquête, le questionnaire

Quels sont les sujets ou les thèmes de l'enquête? C'est la phase où doivent être définies les variables pertinentes dans le cadre de la recherche. Restent alors à formuler les questions de manière non ambiguë et à ordonner les questions selon un ordre logique.

10. Pré-test ou pré-enquete

Le pré test d'un questionnaire est indispensable; il permet d'apporter les corrections nécessaires avant la mise en œuvre définitive de l'enquête auprès de l'ensemble de l'échantillon retenu. La préenquête, auprès d'une dizaine de personnes, permet:

- de savoir si le questionnaire répond aux objectifs de la recherche;

- de prévoir, d'anticiper ou même de résoudre les problèmes liés à l'administration du questionnaire;

- de recueillir les réactions des enquêtés;

- de savoir si les questions sont bien comprises par les enquêtés;

- d'appliquer ou d'apporter les modifications, si nécessaire.

11. LA FORMATION DES ENQUETEURS

Dans le cas où il s'agit d'une équipe d'enquêteurs, il est indispensable de préparer un manuel d'enquête avec des instructions précises permettant à chaque enquêteur d'administrer le questionnaire de manière rigoureusement identique. Cela suppose impérativement que des réunions de formation soient organisées à l'amont de tout travail sur le terrain.

12. RESPECT DES NORMES D'ÉCHANTILLONNAGE ET D'ÉTHIQUE

Il faut respecter scrupuleusement les normes et les exigences propres à chacune des méthodes d'échantillonnage. Par exemple, dans le cas d'une méthode d'échantillonnage probabiliste, il est indispensable de s'assurer que la sélection ou le choix des personnes enquêtées se passe aléatoirement en réduisant tous les biais possibles (cfr chapitre sur les biais).

Ajoutons qu'il est souvent utile d'obtenir des lettres d'appui de personnes crédibles et respectées dans la communauté concernée.

Présenter une lettre d'introduction auprès des personnes enquêtées facilite considérablement toute l'opération d'enquête ultérieure.

De plus, il est important de présenter à chacun des enquêtés:

- le ou les buts de l'enquête,

- la garantie de confidentialité des renseignements communiqués,

- l'organisme ou l'institution responsable de l'enquête,

- le nom et le numéro de téléphone des personnes responsables, etc.

13. CODIFICATION, SAISIE ET TRAITEMENT DES DONNÉES

L'étape de la codification permet de convertir les données issues d'une enquête par questionnaire via un schéma de classification. Certaines questions sont préalables à toute démarche de codification; elles concernent particulièrement le choix des variables et le plan de classification lui-même. De plus, le type de codage sera fonction du type de question (par exemple, s'il s'agit d'une question ouverte ou d'une question fermée). Le choix d'un type de codage aura des répercussions directes sur le traitement des données; une relation directe existe entre le système de classification et les techniques statistiques de traitement.

14. TYPES ET TECHNIQUES D'ENQUETES

De manière conventionnelle, on distinguera plusieurs types d'enquête:

- les enquêtes par interview,

- les enquêtes par questionnaire postal,

- les enquêtes par téléphone,

- les enquêtes par interception,

- les enquêtes mixtes.

Chacun de ces types comporte des caractéristiques bien précises, des avantages et des inconvénients. La maîtrise de l'ensemble de cet arsenal est indispensable pour qui prétend avoir recours à l'enquête.

Le choix définitif d'une méthode d'enquête plutôt que d'une autre dépendra:

- des objectifs de l'enquête elle-même,

- de la base d'échantillonnage,

- de la taille de l'échantillon,

- des types de questions,

- de la durée de l'enquête,

- de la distribution spatiale de l'échantillon,

- du niveau d'instruction des répondants ou du niveau d'information,

- des considérations éthiques,

- des ressources disponibles et des contraintes budgétaires, etc.

14.1. *L'enquête par interview directe*

L'enquête par interview implique un rapport direct entre l'enquêté et l'enquêteur. Ce type d'enquête exige des qualifications spécifiques de la part de l'enquêteur. Cette interaction entre le répondant et l'enquêteur est certes un avantage car le taux de réponse est généralement élevé. Elle s'appuie le plus souvent sur le questionnaire structuré où les réponses peuvent être codées directement par l'enquêteur. Cette technique offre plusieurs avantages dont celui de pouvoir expliquer la question si l'enquêté ne la comprend pas; de même, l'enquêteur peut poser des questions plus délicates. Ce type d'enquête peut exiger des ressources financières et un temps assez importants qui sont fonction de l'échantillon retenu.

Quels sont les avantages de ce type d'enquête?

En premier lieu, les enquêteurs peuvent expliquer la signification des mots s'ils sont mal compris par les répondants; ils peuvent aussi choisir le répondant dans le ménage et peuvent noter des informations supplémentaires concernant le sujet (p. ex. l'âge, le sexe, l'environnement résidentiel, etc.).

Les autres avantages concernent les enquêtés eux-mêmes. Ainsi, le fait que les répondants ne peuvent pas lire à l'avance les questions réduit les biais dans les réponses. Dans ce type d'enquête, les répondants qui sont illettrés, aveugles ou handicapés ne sont pas exclus de l'échantillon.

Quant aux réponses, elles sont plus complètes et plus élaborées surtout pour les questions ouvertes. Elles le sont particulièrement dans le cas de questions touchant l'interprétation de cartes ou autres documents graphiques et photographiques. De plus, les informations manquantes ou vagues sont généralement moins nombreuses que dans les autres types d'enquête.

En dépit de tous ces avantages subsistent quelques désavantages dont le plus connu touche la relation enquêteur-enquêté. Du fait de différents facteurs, l'enquêteur peut influencer le répondant sur certaines questions. De plus, le taux de réponse peut être variable: problèmes d'accessibilité, difficulté de trouver les répondants, méfiance des répondants, etc.

Un autre problème posé par ce type d'enquête est que toute l'opération peut s'échelonner sur une période relativement longue et peut donc s'avérer assez coûteuse.

14.2. *L'enquête par questionnaire postal*

Ce mécanisme d'enquête implique que le répondant lui-même administre le questionnaire. Cela exige un questionnaire très structuré et le plus clair possible. C'est le moins onéreux de tous les types d'enquête et la couverture spatiale de l'échantillon peut être plus grande. Cependant, le taux de réponse est généralement le moins élevé parmi toutes les méthodes d'enquête existantes. De plus, la quantité d'informations recueillies est plus limitée et les informations manquantes sont souvent plus nombreuses. Il est recommandé de proposer un questionnaire le plus court possible afin de s'assurer d'un plus fort taux de réponse. Certains désavantages sont inhérents à ce type d'enquête:

- les illettrés et les aveugles sont exclus;

- les répondants sont retenus à la condition d'apparaître dans la base ou la liste de sondage;

- enfin, l'enquête par questionnaire postal est parfois mal perçue, apparaissant comme une publicité parmi d'autres.

14.3. *L'enquête par téléphone*

Ce type d'enquête via le téléphone oblige l'enquêteur à administrer lui-même le questionnaire. Le taux de réponse est généralement élevé surtout si le questionnaire est bien structuré; de manière générale, les répondants se prêtent assez bien à ce type d'enquête. Les coûts d'opération sont moins élevés que dans l'entrevue directe, entre autre, parce que l'enquêteur peut entreprendre toutes ces enquêtes à partir du même lieu. Parmi les autres avantages de ce type d'enquête, on notera les faits suivants:

- la couverture spatiale ou géographique de l'échantillon peut être plus grande: par exemple, si la population-cible est géographiquement dispersée, l'enquête par téléphone constitue un moyen efficace et moins coûteux pour mener à bien la collecte d'informations;

- il est plus facile de contacter les répondants par téléphone que de fixer un rendez-vous en un lieu donné;

- le temps requis pour réaliser l'enquête est généralement assez court;

- les analphabètes, les aveugles et les handicapés peuvent être interviewés;

- l'enquêteur peut choisir le répondant dans le ménage et l'enquêté est moins directement influencé par l'enquêteur;

- les problèmes liés à l'existence de questions ouvertes restent entiers dans ce type d'enquête.

En contrepartie, doivent être mentionnés quelques désavantages, surtout liés à la construction et à la formulation du questionnaire. En effet, ce dernier ne doit pas être trop long et doit comporter un nombre limité de questions. La formulation des questions doit être courte, claire et précise. Les questions à choix multiples doivent être limitées. Enfin, le nom du répondant doit apparaître dans la base de sondage retenue; outre l'annuaire téléphonique, les autres bases de sondage peuvent comporter des erreurs liées à des problèmes de mises à jour, à des omissions, etc.

14.4. *L'enquête par interception*

Ce type d'enquête est très utile lorsque le géographe veut par exemple étudier le comportement de touristes en stations balnéaires ou de montagne, ou de consommateurs dans un centre d'achat, etc. Il implique que l'enquêteur se rende sur les lieux et sollicite les répondants sur place. Étant sur les lieux, l'enquêteur peut espérer obtenir des réponses plus éclairées. De plus, il peut poser des questions portant sur l'évaluation de l'environnement ou du milieu du répondant.

Les limites de ce type d'enquête tiennent au risque de biais introduits par la relation enquêteur/enquêté, ainsi qu'à la représentativité de l'échantillon construit, la population-mère étant, dans ces cas-là, souvent mal connue.

14.5. *L'enquête mixte*

Il s'agit de combiner deux ou plusieurs types d'enquêtes différents de manière à profiter des avantages de chacun d'eux. C'est une stratégie efficace, très utilisée; on peut, par exemple, entreprendre dans un premier temps une enquête auprès d'un échantillon; dans un second temps une autre enquête plus approfondie sera conduite auprès d'un nombre réduit de répondants tirés du même échantillon.

Une enquête mixte peut imposer un processus long et assez coûteux. D'autres stratégies peuvent être envisagées et retenues (cf. fig. 6.3).

Fig. 6.3. Quelques exemples d'enquête mixte

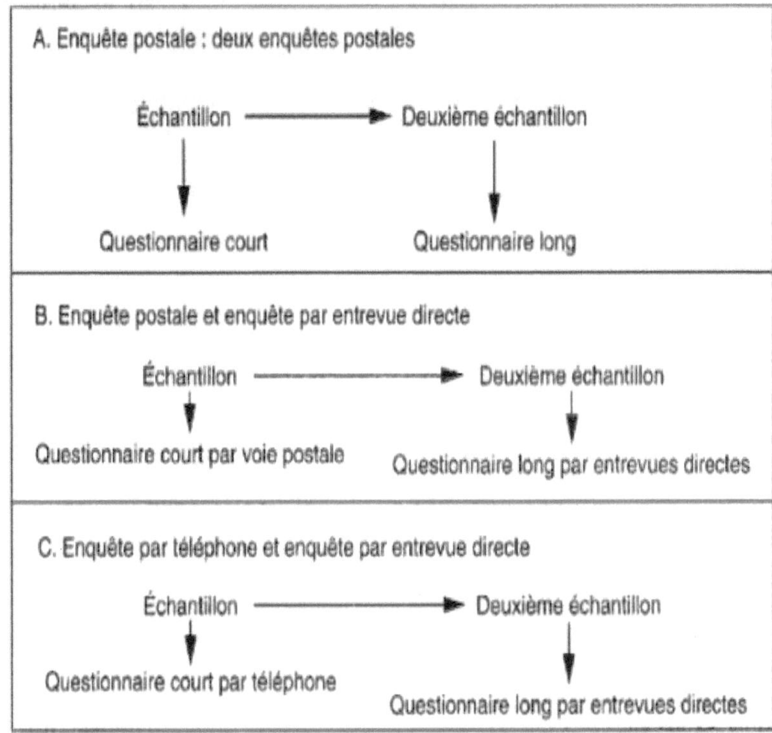

15. CONSTRUCTION DU QUESTIONNAIRE ET CODIFICATION

Les étapes de construction d'un questionnaire

Selltiz et al. (1977) énumèrent une série de questions relatives d'une part au contenu des questions et d'autre part à la forme des questions. Rappelons que l'attention du chercheur doit d'abord porter sur le contenu des questions.

- La première interrogation concerne la nécessité et l'utilité de la question : est-elle essentielle par rapport aux objectifs de l'enquête ? Quelle est son utilité réelle?

- Quel est le nombre de questions par thème? Y a-t-il nécessité de poser plusieurs questions sur chacun des thèmes du questionnaire?

- Les futurs enquêtés sont-ils suffisamment informés pour répondre aux questions?

- Le contenu de chacune des questions est-il trop général ou trop spécifique?

- S'agit-il d'une question trop partiale ou trop orientée?

On portera ensuite une attention toute particulière à la formulation des questions.

- La formulation de la question est-elle ambiguë au point de donner lieu à une mauvaise interprétation?

- Comporte-t-elle clairement les alternatives liées au problème posé?

- La question est-elle fallacieuse?

- La formulation peut-elle indisposer le répondant en raison de sujets tabou? Peut-elle heurter le sujet?

- La forme de la question doit-elle être directe ou indirecte?

Telles sont quelques-unes des interrogations initiales portant sur la rédaction et la formulation des questions que tout jeune chercheur doit avoir présentes à l'esprit.

16. CARACTÉRISTIQUES PRINCIPALES ET STRUCTURE GÉNÉRALE D'UN QUESTIONNAIRE

Un questionnaire ne saurait être une simple liste de questions. Il est d'abord un instrument composé d'un ensemble de questions destinées à répondre aux objectifs de l'enquête. Tout questionnaire est construit et conçu en fonction du problème posé et des hypothèses de recherche retenues. C'est un instrument de mesure permettant d'appréhender les caractéristiques et les attitudes, d'une part, à l'échelle de l'individu et, d'autre part, à l'échelle du groupe.

La principale qualité d'un bon questionnaire réside d'abord dans sa clarté. En effet, il faut utiliser un langage adapté à la population-cible, soigner la présentation matérielle du questionnaire. À cette exigence de clarté, on ajoutera celle de brièveté (limiter le nombre de questions et la longueur des questions).

La structure générale d'un questionnaire pourrait être la suivante:

- mentionner les identificateurs: ce sont des informations générales permettant d'identifier et de localiser les répondants. Les informations peuvent être multiples: le numéro de l'enquête, la zone d'enquête, la date, l'identification de l'enquêteur, le nom et le numéro de téléphone du répondant...;

- recueillir les caractéristiques sociodémographiques de l'enquêté: ce sont des variables de contrôle, utiles pour la ventilation ultérieure des données, d'autant plus qu'elles peuvent être croisées avec d'autres variables de l'enquête;

- formuler des questions portant sur le thème de recherche: ce sont des questions relatives au sujet de la recherche; elles occupent la plus grande partie du questionnaire.

Dans le cas d'une enquête par voie postale, il est indispensable d'inclure une lettre d'introduction décrivant les objectifs de l'enquête, invitant à participer à l'enquête en garantissant la confidentialité de l'information, donnant des instructions spécifiques relatives au questionnaire et mentionnant une adresse de retour. Dans le cas d'une enquête par entrevue directe, il faut prévoir un manuel d'enquête pour les enquêteurs ainsi qu'une lettre d'introduction expliquant les objectifs de l'enquête, garantissant la confidentialité de l'information, etc.

17.   LES TYPES DE QUESTIONS

Au plan de la forme, on distingue classiquement d'une part des questions fermées et d'autre part des questions ouvertes.

Une question fermée est une question dont la formulation comporte une liste préétablie de réponses possibles, ainsi fixe-t-on à l'avance les catégories de réponses. Un questionnaire à questions fermées constitue souvent un questionnaire pré-codé. Ce type de question offre plusieurs avantages:

- on peut repérer et classer rapidement l'information;

- cela exige peu d'effort du répondant mais plus de l'enquêteur;

- cela peut être utile en début de questionnaire à titre d'introduction.

L'inconvénient de la question fermée tient au fait qu'elle se limite aux données objectives.

Une question ouverte laisse à l'individu la liberté de s'exprimer i.e. que le répondant répond comme il le désire. En ayant recours à la question ouverte, le chercheur peut aborder pratiquement tous les sujets. Les questions ouvertes se traduisent parfois par des réponses vagues et, dès lors, difficiles à dépouiller et à interpréter.

Divers types de questions peuvent être évoquées:

- la question alternative: permet un choix à l'intérieur de la même question;

- la question dichotomique: permet le choix entre deux réponses (vrai ou faux ; oui ou non);

- la question de reconnaissance: permet d'identifier des éléments, des objets ou des sujets;

- la question à choix multiples: permet de choisir autant de réponses que désiré;

- la question à possibilités multiples: permet le choix entre plusieurs réponses;

- la question avec classement: le répondant doit ordonner différentes réponses selon un ordre;

- la question avec échelle d'évaluation: on demande de répondre par un score (souvent utilisée pour mesurer le degré de satisfaction).

Quant aux questions ouvertes, elles sont utiles pour différents types de recherches: les études préliminaires, les études d'exploration (dans le but de formuler des hypothèses), les études empiriques, etc. Bref, le recours aux questions ouvertes nous apprend beaucoup sur les valeurs, les opinions, les attitudes des répondants car elle donne l'opportunité de s'exprimer librement sur une question ou un sujet donné.

D'autres types de questions sont également d'usage courant: ce sont les échelles d'attitude. Elles permettent de sonder et de mesurer les opinions, les valeurs, les attitudes et le comportement d'individus. Parmi les échelles d'attitude les plus connues, on peut citer: l'échelle de Thurstone, l'échelle de Likert ou encore l'échelle de Guttman.

Échelle de Thurstone: le répondant doit indiquer son accord ou son désaccord à partir d'une liste d'énoncés. Les énoncés doivent être brefs et couvrir un large éventail d'opinions.

Échelle de Likert: le répondant doit indiquer à partir d'une liste d'énoncés dans quelle mesure chacun correspond à son opinion. C'est une question à choix multiple où l'enquêté montre son appréciation sur une échelle (graduée).

Échelle de Guttman: le répondant doit donner un pointage selon un ordre croissant ou décroissant à une liste d'énoncés; cela permet au chercheur d'analyser la hiérarchie des valeurs ou des attitudes.

Formulation des questions

C'est un aspect fondamental du questionnaire: comment formuler une question la plus concise, la plus explicite et la plus complète possible ? Plusieurs éléments doivent être pris en compte dans la conception du questionnaire.

Une bonne définition des types de données à recueillir s'impose à l'amont. Puis, il faut « opérationnaliser » chaque variable i.e. définir d'une manière opérationnelle chacune des variables de manière à poser les questions le plus clairement possible.

Ensuite, formuler les questions dans un langage simple où le choix des mots est important de façon à supprimer toute ambiguïté. Dans le cas de termes plus impliqués, il est nécessaire de prévoir des explications et même de fournir des définitions qui tiennent compte du niveau de connaissance des enquêtés. Le langage doit donc être adapté à la population-cible dans le plus grand respect de la personne. En outre, le chercheur doit veiller à l'ordre des questions, les questions délicates pouvant susciter un refus de réponse; on peut avoir recours, le cas échéant, à des questions filtres permettant aux répondants de passer entre des questions qui ne les concernent pas.

18. LES BIAIS DANS LES RAPPORTS ENQUETEUR-ENQUETE

Dans les enquêtes par entrevue directe, une relation interpersonnelle s'établit entre l'enquêteur et le répondant. Plusieurs biais liés à ces rapports peuvent nuire à l'enquête. Par exemple, l'enquêteur peut faire preuve de partialité durant l'entrevue et influencer le répondant quant à l'énoncé de son opinion; de même, il peut formuler des jugements de valeur susceptibles d'orienter les réponses. C'est pourquoi, la formation des enquêteurs est si importante.

Certains biais peuvent être imputables au répondant lui-même: la tendance à donner des réponses qui sont perçues comme acceptables, une réaction défensive à l'égard d'une question trop directe, la peur de certains mots ou encore une préférence vis-à-vis de questions tendancieuses.

19. LA QUESTION DES DONNÉES MANQUANTES

Comment se fait-il que des données fassent défaut dans une enquête? Plusieurs réponses peuvent être avancées:

- le répondant a oublié de répondre à une question;

- la question n'est pas pertinente pour le répondant, elle ne le concerne pas;

- la question est trop personnelle;

- le répondant craint d'être reconnu, identifié;

- la question demande une réponse trop longue;

- le répondant ne comprend pas la question;

- le choix des réponses est trop limité.

20. LA CODIFICATION, ÉTAPE PRÉLIMINAIRE AU TRAITEMENT DES DONNÉES

Le traitement des données implique inévitablement la réduction des informations sous une forme permettant une compilation ou une tabulation simple ou rapide, le traitement statistique ou mathématique et le traitement graphique ou cartographique. Cette opération doit se faire en minimisant la perte d'information en cours de processus. L'étape préliminaire au traitement des données est la codification dont le but est de convertir, par exemple, les données d'une enquête par questionnaire à partir d'un plan de classification numérique ou alphanumérique. C'est une opération qui consiste à affecter à chaque catégorie de réponses un numéro, une lettre ou un code. Cela permet non seulement de traiter statistiquement les données mais d'accroître l'économie, la vitesse et l'efficacité des opérations.

Quelles sont les étapes préalables à toute démarche de codification? Quelles sont les variables nécessaires et utiles pour atteindre les objectifs fixés et vérifier les hypothèses? Quel est le meilleur plan de codage des informations? Comment réduire au minimum les erreurs dans la mise au point du plan de codage? (fig. 6.4).

Fig. 4. La codification, étape préliminaire au traitement des données

- Convertir les données d'une enquête par questionnaire à partir d'un plan de classification
- Quelles sont les questions préalables à toute démarche de codification?
  - Quelles sont les variables nécessaires et utiles pour atteindre les objectifs et parvenir à la vérification des hypothèses?
  - Quel est le meilleur plan de codage des informations?
  - Comment réduire au minimum les erreurs?
- Rappeler l'importance des objectifs et des hypothèses de la recherche
- La conception d'un plan est pensée en fonction (à la fois) des hypothèses et des techniques de traitement.
- Comment faire?
  - analyser un échantillon de questionnaires;
  - pour chaque question, décider du type de codage et du nombre de catégories;
  - les règles à suivre:
    - cohérence entre l'ensemble des catégories et le plan,
    - être exhaustif,
    - être mutuellement exclusif.

Faut-il initialement rappeler l'importance des objectifs et des hypothèses de la recherche car toute la stratégie doit y être subordonnée. A posteriori, le processus de codification et toute sa conception en sont tributaires. Par la suite, la conception d'un plan ou d'un schéma de classification doit être conçue en fonction des techniques de traitement de données retenues.

On peut en principe coder des réponses de plusieurs façons et selon le système de classification, la réponse codée peut être de type nominal, ordinal, intervalle ou de rapport. En conséquence, certains schémas de classification permettent le traitement paramétrique des données et d'autres se limitent au traitement statistique non-paramétrique.

Un schéma de classification «est un ensemble de conventions explicites servant de base de classification des informations» (Selltiz & al. 1977; Trudel & Antonius, 1991). Considérant que le modèle opérationnel est particulier à chaque recherche, il est normal qu'il n'y ait pas de système universel. Le meilleur de tous les systèmes est celui qui justement permet d'atteindre directement les objectifs assignés à la recherche en cours.

Comment entreprendre la démarche de mise au point d'un système de classification? Ghiglione et Matalon (1982) proposent une démarche en quatre étapes.

1. La première consiste à analyser un échantillon de questionnaires afin de se faire une bonne idée de l'éventail et du type de réponses.

2. Ensuite, il faut pour chaque question décider du type de codage et du nombre de catégories. Leur nombre est fonction de l'éventail des réponses en évitant de coder des informations inutiles et en réduisant le nombre de réponses qui sont difficiles à classer. Parmi les règles à respecter dans la construction d'un plan de codage, on retiendra les points suivants:

- l'ensemble des catégories devrait être cohérente avec les normes choisies au préalable ; être exhaustif de manière à bien illustrer l'ensemble des réponses et
- être mutuellement exclusives pour éviter la confusion dans le classement.

On notera que les questions ouvertes sont les questions les plus difficiles à coder.

Diverses sortes de codes sont à disposition du chercheur. Le plus simple est le code numérique: il attribue des nombre consécutifs aux catégories. Ce nombre peut être nominal dans le cas où l'on veut, par exemple, identifier une situation de familles:

Code	Catégories
1	célibataire
2	marié
3	veuf
4	divorcé

Il peut être ordinal, si l'on veut, par exemple, affecter un nombre à chaque groupe d'âge:

Code	Catégories
1	moins de 19 ans
2	20-39 ans
3	40-64 ans
4	65 ans et plus

Existent également les codes numériques non-consécutifs. Par exemple en géographie, cette situation se présente fréquemment car les unités administratives ou politiques ont souvent des identificateurs déjà attribués par l'organisme de recensement; par exemple, les secteurs de recensement comme l'Institut National de

Statistiques. Le code alphabétique est parfois utilisé et peut être de nature nominale ou ordinale.

Par exemple, on peut coder le sexe de la personne par la lettre M pour masculin et F pour féminin; dans le cas de l'échelle ordinale, on pourrait identifier les groupes d'âge de la façon suivante:

Code   Catégories

J   moins de 19 ans

JA   20-39 ans

A   40-64 ans

V   65 ans et plus

3. Un autre type utilisé est celui des codes de classification à identifications multiples. C'est une forme de codage détaillé: un code spécifique est utilisé pour la catégorie et un autre pour la sous-catégorie. On peut également avoir recours à des codes mixtes comme dans l'exemple suivant:

Code   Catégories

1   masculin, célibataire

2   masculin, marié

3   femme, célibataire

4   femme, mariée

4. Un dernier exemple, et peut-être le cas le plus fréquent, est le code dichotomique ou binaire, celui où la question implique

seulement deux possibilités de réponses: par exemple, une réponse affirmative (oui = 1) ou une réponse négative (non = 2).

Collecter des données par enquêtes exige de la part du chercheur une rigueur de tous les instants. Celle-ci est garante de la qualité, de la validité et la représentativité des informations recueillies et ultérieurement traitées et interprétées. Ces informations devront impérativement être restituées auprès des enquêtés, sous une forme à préciser dès l'amont de l'étude.

CHAPITRE 7

ANALYSER LES DONNÉES, PRÉSENTER LES RÉSULTATS ET RÉDIGER LA CONCLUSION

1. INTRODUCTION

Ce chapitre sera le lieu pour nous de présenter les résultats de votre recherche, de procéder à une analyse statistique des données dans le but de vérifier les hypothèses de recherche, de faire ressortir les implications théoriques et pratiques des résultats de formuler les limites et les faiblesses, les difficultés rencontrées et enfin les suggestions doivent mettre fin au chapitre.

2. SIGNIFICATION DU RÉSULTAT D'UNE STATISTIQUE

L'objectif des statistiques est d'étudier à partir d'observations constatées un ensemble d'événements, de phénomènes, les analyser et les mettre en perspective.

Les chiffres sont des outils précis, les mathématiques sont une science exacte. Mais cela ne doit pas faire oublier que le principe de

113

causalité d'un événement, le contexte, le domaine de précision choisi pour les résultats chiffrés, ont un impact sur le résultat de l'analyse.

Pour éviter de dire n'importe quoi, et surtout pour ne pas croire n'importe quoi, il faut avoir un minimum de connaissances de base en statistiques.

- Le but de cette partie est d'expliquer au lecteur les résultats de votre recherche.

- En science, expliquer consiste à utiliser des *théories* et des faits pour montrer en quoi X est bel et bien la cause de Y.

- En d'autres termes, pourquoi votre hypothèse est-elle confirmée? Pourquoi ne l'est-elle pas? Ou encore, pourquoi l'est-elle partiellement?

- Cette explication permettra donc de répondre à la question que vous avez posée dans la formulation du problème de votre problématique.

- Plusieurs des faits et des théories qui vous permettront d'expliquer vos résultats se trouvent dans votre problématique; relisez-là attentivement!

- Comment procéder?

- Il faut d'abord expliquer les résultats de votre *analyse principale*, que votre hypothèse soit ou non confirmée.

  - Le premier élément de toute explication réside donc dans votre problématique.

  - Il s'agit de *l'explication principale* de votre problématique, donc du raisonnement qui vous a conduit à formuler l'hypothèse/objectif de votre recherche (donc relire la formulation de votre problème).

- Dans votre discussion, il faut absolument rappeler ce raisonnement au lecteur, que votre hypothèse soit ou non confirmée.

- Si ce *raisonnement est vrai*, il faut en faire la démonstration, dont établir des liens clairs entre les arguments de ce raisonnement et les résultats de votre recherche.

- Si ce *raisonnement est faux*, il faut montrer en quoi; puis trouver une théorie ou des faits qui permettent d'expliquer vos résultats: c'est ce que l'on appelle une **explication alternative.** L'explication alternative doit également s'appuyer sur des faits ou une théorie scientifique (et non sur une intuition ou une impression).

- Ensuite, vous devez expliquer les résultats de votre analyse secondaire, *si et seulement s'ils* sont significatifs.

  - En effet, parfois, ***en analysant les données secondaires,*** on découvre un ***nouveau phénomène.***

  - Il s'agit d'une découverte puisque le phénomène n'a pas été évoqué de manière systématique dans votre problématique.

  - Si tel est le cas, vous devez proposer au lecteur une explication à cette découverte.

- **Attention:** Dans cette section, il faut citer vos sources et éviter les affirmations gratuites ou les grandes certitudes.

- Optez plutôt pour un ***ton prudent et nuancé*** (Il se peut que... Il semble... On pourrait croire, Il n'est pas impossible que...

Si l'on admet que...) et surtout, surtout, ***citer vos sources en tout temps!***

- Voici maintenant un exemple de discussion des résultats.

- **Attention:** Il est à noter que cet exemple est beaucoup plus court que le texte de votre discussion.

- Les résultats qui font l'objet de cette discussion proviennent de l'exercice SPSS.

3. EXEMPLE DE DISCUSSION

L'analyse des données révèle que, à scolarité égale, les hommes ont un revenu moyen supérieur à celui des femmes, ce qui confirme l'hypothèse de la présente recherche.

Deux phénomènes peuvent expliquer cet écart de revenu. D'abord, selon une étude de Dunnigan et Gravel (1992, cité dans Chamberland et al., 1995), les femmes choisissent des carrières qui les mènent vers des ghettos d'emplois qui sont, en général, sous-payés, précaires, irréguliers et à temps partiel, alors que la socialisation des hommes les conduit plutôt vers des emplois traditionnels bien rémunérés (électricien, mécanicien, etc.) ou vers des professions libérales (avocat, médecin, ingénieur, etc.). Chacun s'accorde, aujourd'hui, pour dire que cet intérêt marqué pour de bons emplois n'est pas inscrit dans les gènes des hommes et des femmes. Richard (2005) propose plutôt de recourir à la théorie du conditionnement opérant de Skinner pour expliquer cette socialisation différenciés selon les sexes. En effet, cette théorie permet d'expliquer l'acquisition de nouveaux comportements...

Mais ces "choix" de carrière ne sont pas les seuls responsables de cet écart. En effet, de nombreux auteurs soutiennent qu'il existe dans le marché de l'emploi une discrimination systématique à l'endroit des femmes. Plusieurs études confirment que ces dernières gagnent un salaire moindre que celui des hommes même après avoir neutralisé les effets du niveau d'éducation, de la perception des habiletés et des arrêts de travail volontaires ou non (Jagancinski et al., 1989, cité dans Chamberland et al., 1995). Finalement, la dernière difficulté à laquelle se heurte notre hypothèse...

L'analyse des données secondaires indique également que les participants, à la question no 2, ont répondu...

Et ainsi de suite...

4. Eléments d'une discussion

Toute discussion contient au moins *trois éléments*, dans l'ordre:

- Le rappel des principaux résultats de votre analyse des données

- Un constat: L'hypothèse (ou l'objectif) de la recherche est-elle confirmée?

- Explications des principaux résultats: l'écart entre les hommes et les femmes (Y) serait attribuable:

  - à la socialisation différentielle des sexes (X1), dans cet exemple,

  - à la discrimination à l'endroit des femmes (X2).

5. EXPLICATION DES RÉSULTATS SÉCONDAIRES (SEULEMENT S'ILS SONT SIGNIFICATIFS)

- Dans cette section, sauf exception, *il est inutile* de rappeler les résultats sous forme de chiffres.

- On ne fait pas non plus état des hypothèses statistiques (H0 et H1).

- Il convient de rappeler que le 'nous' est permis dans l'interprétation des résultats, à condition qu'il soit utilisé avec *parcimonie*.

- + de détails sur ***l'explication alternative ?***

- + de détails sur les ***phénomènes nouveaux.***

- Voir aussi le ***modèle/exemples*** sur ce site.

- Vous avez terminé votre discussion des résultats? ***Critiquez*** maintenant votre recherche.

Définition	Discuter consiste à expliquer aux lecteurs les résultats d'une recherche au moyen de théories et de faits.

- La *critique d'une recherche* équivaut généralement à *25 % du texte, soit 1/2 page.*

- Cette partie repose sur un principe simple: Aucune recherche n'est parfaite!

- Le but de la critique est donc de mettre en évidence les erreurs méthodologiques qui se sont produites lors de la construction de votre outil, ainsi que lors de la collecte de vos données.

- Attention: il y a toujours des erreurs qui subsistent, même après la correction du prof; à vous de les trouver...

- Ces erreurs menacent la validité interne et externe de vos conclusions, donc de votre recherche.

- Dans le cas de la ***validité interne,*** il peut s'agir :

  - De variables parasites que vous avez omis de contrôler (voir méthodes).

  - De variables contrôlées de façon inadéquate.

  - De consignes floues ou mal interprétées par les participants lors du déroulement.

  - De la désirabilité sociale des participants (exemple ici-bas).

  - De la fiabilité de vos observations (observateurs bien situés, +-attentif, etc.).

  - De la maladresse des expérimentateurs lors du recrutement des participants ou du déroulement de la recherche.

  - De la mauvaise planification de la recherche.

  - D'un outil de collecte de données inadéquat, peu fidèle ou peu valide.

  - D'une analyse des données incomplète ou erronée (analyses principale et secondaire).

  - Des biais des chercheurs.

  - De tout autre facteur ayant perturbé le cours normal de votre collecte de données.

- Dans le cas de la ***validité externe***, il peut s'agir :

  - D'erreurs ou de biais d'échantillonnage.

  - D'un trop petit nombre de participants (n trop petit pour utiliser un test et faire des inférences).

  - D'une sélection des sujets qui n'obéit pas aux lois du hasard (exemple ici-bas).

- Dans cette section, il faut donc montrer en quoi ces facteurs diminuent la validité ***interne*** et ***externe*** de votre recherche.

- Attention: Il y a encore des erreurs dans votre méthode, même si vous avez obtenu un A.

- Ici, plus vous êtes sévères et critiques envers votre recherche, plus vous obtenez de points!

- En recherche, on a le droit de s'automutiler... intellectuellement.

6. EXEMPLE DE CRITIQUE

Les résultats de la présente recherche doivent cependant être interprétés avec prudence puisqu'une étude de Goulet et ses collaborateurs (2012) a montré que les répondants de ce type de recherche, surtout des hommes, ont tendance à gonfler le niveau de leur revenu. Ce phénomène, que l'on peut sans doute attribuer à la désirabilité sociale, pourrait expliquer une partie de l'écart salarial observé entre les hommes et les femmes.

La présente étude n'a pas une portée très générale puisque les 30 répondants n'ont pas été choisis au hasard. En outre, nous constatons qu'il n'y a aucun participant âgé de plus de cinquante ans dans l'échantillon. Cet écart salarial observé dans l'ensemble de la population existe-t-il chez les plus vieux, qui touchent en moyenne un salaire plus élevés que les plus jeunes ? Nous ne pouvons malheureusement répondre à cette question.

Et ainsi de suite...

- Il convient de rappeler que le 'nous' est permis dans l'interprétation des résultats, à condition qu'il soit utilisé avec *parcimonie*.

- Voir aussi le ***modèle/exemples*** sur ce site.

Définition	Critiquer consiste à mettre en évidence les points faibles et les point forts d'une recherche, notamment sa méthode (déroulement, mesure, échantillonnage, etc.).

La portée des résultats de votre recherche

- La portée des résultats est une courte partie d'un ou deux paragraphes.

- Le but est ici de répondre à la question suivante: jusqu'à quel point les résultats de votre recherche peuvent-ils être généralisés à d'autres populations semblables à la vôtre?

- Vous devez donc comparer votre population à au moins une autre population.

- Par exemple :

- Comparez les résultats de votre population à d'autres populations semblables (ex : à d'autres instituts supérieurs, aux universités).

- Comparez les résultats obtenus ici, à Kinshasa, à ceux d'autres provinces ou d'autres pays.

- Comparez vos participants à des participants plus vieux ou plus jeunes.

- Si vous n'avez que des femmes dans votre population, est-il possible de comparer leurs résultats à ceux qu'auraient pu obtenir les hommes?

- Et ainsi de suite...

- **Attention**: Ne pas confondre l'objectif de cette section avec la généralisation des résultats de votre échantillon à l'ensemble de votre population **(= validité externe).**

- Ici il s'agit plutôt de comparer votre population à une population semblable afin d'augmenter la portée de vos résultats.

- Le raisonnement qui sous-tend cette comparaison peut s'appuyer sur une:

  - théorie scientifique

  - sur des faits ou des résultats de recherche

  - sur un raisonnement (sachant ceci (=faits), on peut donc avancer ou postuler cela...).

- Il va de soi que vous devez insister sur les points communs qui existent entre les deux populations, la vôtre et celle qui fait l'objet de cette comparaison.

Voici un exemple:

Il semble évident que le revenu des Kinoises est nettement inférieur à celui des Kinois. Cet écart entre les hommes et les femmes existe-t-il partout au Congo? Nous avons toutes les raisons de croire que oui. En effet, les résultats d'une étude menée en Lubumbashi révèlent que...

Il n'y avait pas de femmes très âgées dans la présente recherche. Cependant, la théorie de pouvoir de Lemay avance que les différences entre les hommes et les femmes quant à la façon d'exercer leur pouvoir de négociation sont intimement liées à la présence de stéréotypes dans l'éducation (les femmes aiment moins exercer le pouvoir que les hommes, elles sont moins pugnaces ou tenaces que les hommes, etc.), et non à leur âge. Pour cette raison, il y a fort à parier que l'on trouvera entre les femmes et les hommes plus âgés à Kinshasa, donc éduqués à la même époque, un écart de revenus comparable aux participant-e-s plus jeunes de la présente recherche.

- Il convient de rappeler que le « nous » est permis dans l'interprétation des résultats, à condition qu'il soit utilisé avec parcimonie.

▶ **Définition**	La portée des résultats consiste à généraliser les résultats d'une recherche à d'autres populations (ou d'autres contextes de recherche) que celle de votre recherche.

Les prospectives de votre recherche

Les prospectives, l'avant dernière partie de votre interprétation, équivaut à un paragraphe.

- Le but de cette section est de suggérer des suites à votre recherche, afin de contribuer à l'enrichissement des connaissances, et plus particulièrement à celles de votre thème de recherche.

- Prospective signifie évolution d'une chose dans le futur. EX: Quelles sont les prospectives des Kinois?

- Autre exemple : Quelles sont les prospectives dans la carrière de professeur? Être remplacé par des robots?

- Dans cette partie, les auteurs ont le choix entre deux possibilités; ils peuvent proposer au lecteur:

  - une nouvelle piste ou avenue de recherche dans le domaine/thème (au moins une suggestion);

  - *ou bien* faire des recommandations claires sur les suites à donner à votre recherche (au moins une recommandation).

- Une recommandation repose sur un degré de certitude ou de connaissance plus grand que la suggestion (R > S).

- **Attention**: On suggère ou on propose une idée, mais on recommande une action ou des changements.

5. EXEMPLES DE PISTE DE RECHERCHE ET DE RECOMMANDATION

Quelques avenues de recherche se dessinent à la suite de la présente recherche. D'abord, il serait intéressant de mieux comprendre les stratégies utilisées par les hommes et les femmes pour négocier leur salaire. En effet, des recherches faites aux États-Unis ont révélé que dans certains milieux de travail une bonne stratégie de négociation pouvait permettre de hausser son salaire de 15 à 20 % (Mikk et Mauss, 1998). Est-ce le cas à Kinshasa ? Nous avons des raisons de croire que…

Ou bien…

Une étude réalisée en Italie par Spagg et Thy (2004) révèlent que les femmes ont plus de difficulté que les hommes à réclamer une augmentation de salaire à leur patron. Qu'en est-il des Kinoises ? En conséquence, nous recommandons d'étudier de façon plus systématique les méthodes de négociations des salaires des Kinoises et des Kinois afin de mieux comprendre le rôle de ce facteur...

- Il convient de rappeler que le « **nous** » est permis dans l'interprétation de vos résultats, à condition qu'il soit utilisé avec parcimonie.

Définition	Les prospectives sont les suites d'une recherche, ce que l'on pourrait faire à l'avenir en recherche compte tenu de ce que l'on sait maintenant grâce à votre recherche.

La conclusion de votre recherche

- La *conclusion* est le tout dernier paragraphe de votre interprétation, et donc de votre rapport final :

- Le but de la conclusion est :

  - de faire un bref rappel des résultats qui confirment ou non votre hypothèse/objectif.

  - de tirer une conclusion finale et nuancée en précisant que votre hypothèse est soit:

    - confirmée,

    - confirmée en grande partie ou partiellement,

    - ou qu'elle n'est pas confirmée (donc infirmée).

- S'il y a lieu, de rappeler au lecteur que vous avez découvert un phénomène nouveau en analysant vos données secondaires (= résultats significatifs secondaires seulement).

- Finalement, de proposer au lecteur une ouverture ou un élargissement de votre question de recherche, en rappelant qu'il existe des problèmes en suspens, c.-à-d. des choses que l'on ne sait toujours pas sur votre thème mais qui mériteraient sans doute d'être étudiées plus à fond (= Q10 dans vos fiches de lecture).

6. EXEMPLE DE CONCLUSION

En conclusion, les résultats de la présente recherche montrent clairement qu'à scolarité égale le revenu moyen des femmes est inférieur au revenu moyen des hommes, ce qui confirme

l'hypothèse de la présente recherche. Les hommes et les femmes'
affirment cependant être conscients de l'existence de cet écart. On
ne sait toutefois pas avec précision quels facteurs sont à l'origine
de cette discrimination envers les femmes. Ces facteurs
mériteraient donc d'être examinés de façon plus systématique

<table>
<tr><td>Définition</td><td>La conclusion consiste en un bref rappel des résultats qui confirment ou non votre hypothèse/objectif. Vous pouvez également faire part au lecteur d'une nouvelle découverte, s'il y a lieu.</td></tr>
</table>

7. MENTIONNEZ LES LIMITES DE VOTRE ÉTUDE

La section discussion devra inclure un paragraphe dans lequel vous
présenterez les limites de votre recherche. Exposez les observations
que vous avez pu tirer de vos résultats de recherche. Vos lecteurs
tireront profit à considérer ces réflexions. Ainsi, les résultats obtenus
sont justifiés par les limitations de votre recherche ou par vos
observations supplémentaires. Soulignez ces éléments et émettez
des suggestions afin qu'ils soient évités lors de prochaines études.

En relevant les limites de votre étude dans la partie discussion,
prenez garde à ne pas en faire trop. Le but est d'être proactif aux
éventuelles remarques des lecteurs et non pas de les inciter à vouloir
que vous recommenciez votre travail. De ce fait, faites suivre les
limites par leurs compensations en mentionnant, en premier lieu les
inconvénients puis les atouts. Les lecteurs resteront ainsi sur une
impression favorable.

8. DIFFUSION DES RÉSULTATS

Elle se fait:

- aux décideurs appropriés,

- à ceux qui planifient les interventions,

- aux responsables des institutions compétentes (telles que: écoles, travailleurs sociaux, police, agents communautaires),

- aux services chargés des questions de drogues,

- institutions de recherche en sciences sociales,

- aux professionnels qui ont apporté leur aide dans le cadre de l'étude,

- à toutes les personnes interrogées?

- lors des conférences et des réunions,

- à des bibliothèques,

- sur Internet.

9. LES ANNEXES

- Les annexes sont placées à la fin du travail, sur une nouvelle page à part (ne pas enchaîner avec le texte).

- Elles sont numérotées de 1 jusqu'à x (EX: Annexe 1, Annexe 2 et ainsi de suite...).

- On peut également utiliser les chiffres romains (EX: Annexe I, Annexe II et ainsi de suite...).

- Paginez-les à la suite du texte.

- Elles contiennent divers éléments, selon le cas:

- une copie vierge de votre outil (grille ou questionnaire)

- un croquis de la situation expérimentale ou de votre site d'observation

- du matériel de recherche (photo, tests d'Asch, etc.).

- un graphique ou un tableau supplémentaire (dans de très rares cas).

+ *de détails* sur le contenu de vos annexes?

Chapitre 8

ORGANISER LA BIBLIOGRAPHIE

Une bibliographie détaillée est constituée en grande partie d'articles issus de revues de recherche, de manuels et d'ouvrages.

Tous les travaux qui ont été consultés et utilisés pour rédiger le mémoire doivent être référencés dans la bibliographie. Celle-ci ne regroupe pas l'ensemble des lectures de l'étudiant pendant la durée de préparation du mémoire. Elle se limite aux références utilisées pour la rédaction du mémoire. La provenance de ces sources peut être diverse: bibliothèque, base de données, centres de documentation, Internet, entreprise, etc. La bibliographie se situe à la fin du mémoire, après la conclusion et avant les annexes.

La présentation des références bibliographiques suit l'ordre alphabétique du nom des auteurs et obéit à certaines normes (Cf. exemple dans la bibliographie suivante).

La bibliographie signale les ouvrages que vous avez cités et dont vous vous êtes inspiré. Elle sert de point de repère au lecteur qui peut alors évaluer votre recherche et y cerner les orientations théoriques et méthodologiques appliquées, mais elle aide aussi à orienter les recherches d'un autre chercheur. Elle contient :

-    tous les documents publiés cités dans le mémoire (ou thèse);

- des études non citées mais qui concernent directement une dimension du travail de recherche;

- des études d'intérêt général qui ont marqué la réflexion du chercheur. (il n'est pas nécessaire de citer tous les classiques).

Comment présenter un travail selon la norme APA?

I.   CONSIGNES GÉNÉRALES

1) Récupérez le manuel de publication de la norme APA. Vous le trouverez soit en librairie, soit à la Bibliothèque Universitaire, soit en ligne. Tout y est détaillé. Prenez la dernière édition qui inclut les nouveautés en matière de police et de présentation des sources Internet, des tableaux et des graphiques.
Vous allez tomber sur des éditions parfois anciennes — veillez à toujours prendre la dernière édition, car les normes évoluent dans le temps.

2) Voyez si votre logiciel de traitement de texte a un modèle basé sur la norme APA. Normalement, les logiciels Word, WordPerfect et EasyOffice permettent de présenter selon le protocole APA, la bibliographie, les notes de fin, les notes de bas de page et les citations.
Si vous ne savez pas si votre logiciel gère l'APA, ne vous inquiétez pas! Vous pourrez toujours le formater manuellement.

3) Sachez quel format donner à votre manuscrit. La présentation selon la norme universitaire APA suppose de respecter les consignes en vigueur concernant, par exemple, la police de caractères, l'interlignage, les marges et les en-

têtes de pages. Si vous voulez une bonne note, il faudra respecter toutes ces consignes.

- Pour ce qui est de la police de caractères, utilisez une police serif 12 points, comme la Times New Roman, pour le corps du texte. Utilisez une police serif typeface, telle Arial, pour les légendes des illustrations.

- Le manuscrit doit être tapé en double interligne. Sont concernés par cette règle : le corps du texte, les titres, les en-têtes, les citations, la liste des références et les légendes des illustrations.

- Chaque paragraphe doit avoir un retrait à droite de 1/2 pouce.

- Il importe que le texte soit aligné à gauche, mais pas à droite.

4) Tout doit être classé. Chaque page doit être numérotée, tout doit être dans l'ordre et les différentes parties doivent bien apparaître. La pagination commence à la page 1 et ne connaît aucune interruption jusqu'à la fin.

- La page 1 sera votre page de titre.

- Le résumé sera sur la page 2.

- Votre texte commencera en page 3.

- Les « Références » (Références) seront à la fin du corps du texte, sur une nouvelle page.

- Chaque tableau commence sur une nouvelle page, juste après les « Références ».

- Chaque illustration commence sur une nouvelle page, juste après les tableaux.

- Chaque appendice commence sur une nouvelle page.

5) Commencez votre page de titre. Ce dernier devra être centré à un tiers du haut de la page. Le titre ne doit pas excéder 12 mots. Appuyez ensuite sur la touche de validation («Entrée »), puis tapez votre nom. Sur la ligne en dessous, indiquez votre université ou votre centre d'études.

- Tout doit être en double interligne et centré. Le titre ne doit contenir ni onomatopées ni abréviations.

- La partie « Author's Notes » doit se trouver au bas de cette page de titre. Y seront consignées toutes les informations vous concernant et à quelle adresse, par exemple, on peut vous contacter.

- Au sommet de la page de titre, mettez ce qu'on appelle un « running head ». C'est le titre, mais en condensé, pas plus de 20 caractères. L'ensemble doit être en lettres majuscules («RUNNING HEAD : [VOTRE TITRE] » et apparaître tout en haut et à gauche de la page.

- Il faut mettre le titre en haut de *chaque* page. Nul besoin de mettre le « RUNNING HEAD »! La pagination se fera à droite et sur chaque page.

II. LE RÉSUMÉ ET LE CORPS DU TEXTE

Rédigez votre résumé en une page. Il doit se trouver sur une nouvelle page et sa longueur doit être comprise entre150 et 250 mots. Vous devez y présenter brièvement votre problématique, votre démarche et les conclusions auxquelles vous êtes arrivé. Le résumé doit être juste après la page de titre avec l'en-tête « Abstract » en haut et au centre. Il ne doit pas être en gras ni en italique, ni souligné.

N'oubliez pas l'en-tête ! Pour cette page, ce dernier est constitué du titre et du numéro de page.

Dans votre résumé, pensez à inclure certains éléments : votre sujet, les questions qu'il pose, des détails sur les participants, vos méthodes, vos analyses, vos conclusions. Vous pouvez également ouvrir le sujet vers de nouvelles pistes pour de futures recherches.

On vous demandera de dresser la liste des mots-clés dans votre résumé. Mettez « Keywords »: comme si vous commenciez un nouveau paragraphe, puis mettez vos mots-clés. Cette partie servira à indexer votre travail. Ainsi, les chercheurs pourront, en consultant certaines bases de données, retrouver votre travail si un de vos mots les intéresse.

Commencez à rédiger votre développement. Formatez-le à l'avance aux règles APA. En haut de chaque page, il y aura le titre et la pagination. Reformulez éventuellement le titre.

Une fois encore, tout doit être en double interligne et les paragraphes doivent tous débuter par un retrait à droite.

Dans un papier en norme APA, on doit retrouver quatre parties : l'introduction, la méthode, les résultats et enfin, la discussion. Le titre de chaque section doit être en gras et centré, à l'exception de l'introduction (dont le titre n'est rien d'autre que le titre de votre travail et sera donc en écriture « normale »). Votre professeur vous indiquera ce qu'on attend de vous dans ces parties, chacune ayant des exigences particulières.

Pour le titre de la partie *Method*, mettez-le à la suite. Si c'est nécessaire, vous pouvez mettre des sous-parties comme « Participants », « Materials & Procedure », « Correlations » (et toute sous-partie que vous jugerez utile). Cette partie doit être en gras et alignée à gauche.

Pour le titre de la partie *Results*, mettez-le à la suite. Les sous-titres et les parties ne sont pas nécessaires.

Pour le titre de la partie *Discussion*, mettez-le à la suite et centrez-le. Il n'y a pas de sous-titres ou de sections dans cette partie.

III.   LES RÉFÉRENCES, LES TABLEAUX, ETC.

1) Les références («References ») sont regroupées à la fin de votre texte, sur une page séparée du reste. Le terme « Références » doit être centré en haut. Classez vos références par ordre alphabétique d'auteurs. Si votre ouvrage n'a pas d'auteur, on prend le premier mot de son titre. Les traitements de texte qui possèdent un module « Norme APA » feront ce travail automatiquement.

   Si vous devez faire référence à un auteur dans le corps du texte, indiquez simplement, entre parenthèses, le nom de l'auteur et l'année de publication de son propos. Exemple : (Smith, 2010). La référence complète sera dans la partie « Références ».

2) Sachez présenter correctement les citations en APA. En effet, selon le type de source, on présente différemment une citation. Le mieux en ce cas est de demander à votre directeur de recherche comment il faut faire.

   Même si le protocole envisage la présentation de nombreuses sources, il peut arriver que vous ayez une source un peu « exotique » dont la présentation n'est pas évoquée dans le manuel de l'APA. Dans ce cas, trouvez le type de source le plus proche et prenez ce mode de présentation.

3) N'oubliez pas de joindre les tableaux, les illustrations et les notes ! Il arrive que vous ayez à faire des digressions. Leur place est à la fin de votre travail. Pensez à mettre les tableaux et les graphiques qui illustrent votre propos!

   Les notes de bas de page, pour des explications supplémentaires, sont repérées dans le texte par des appels de notes qui se présentent sous la forme de nombres en exposant. À la fin de votre travail, vous devrez mettre une page intitulée « Notes ».

4) Relisez votre travail. Une fois la rédaction terminée, il vous faut veiller à un certain nombre de choses : la fluidité et la clarté du propos, la ponctuation, l'orthographe et la grammaire et, bien sûr, veillez à ce que toutes les règles de l'APA soient respectées. Un minimum de trois relectures s'impose : chaque fois, vous vous fixez de corriger tel ou tel aspect.

Quand on se relit, on a tendance à ne pas voir les erreurs. Demandez à un ami, un collègue, de faire la relecture de votre travail, en insistant sur la ponctuation, les fautes et la syntaxe. Vous avez déjà bien assez à faire avec le contenu et le formatage.

IV. EMPLACEMENT DE LA BIBLIOGRAPHIE

La **bibliographie** se situe à la fin du document, juste avant les **annexes**. Voici les étapes:

1) **Exemple de bibliographie aux normes APA**
2) **Créer les sources d'une bibliographie aux normes APA**
3) **Mise en page de la bibliographie**
4) **Le générateur de sources aux normes APA**

V. EXEMPLE DE BIBLIOGRAPHIE AUX NORMES APA

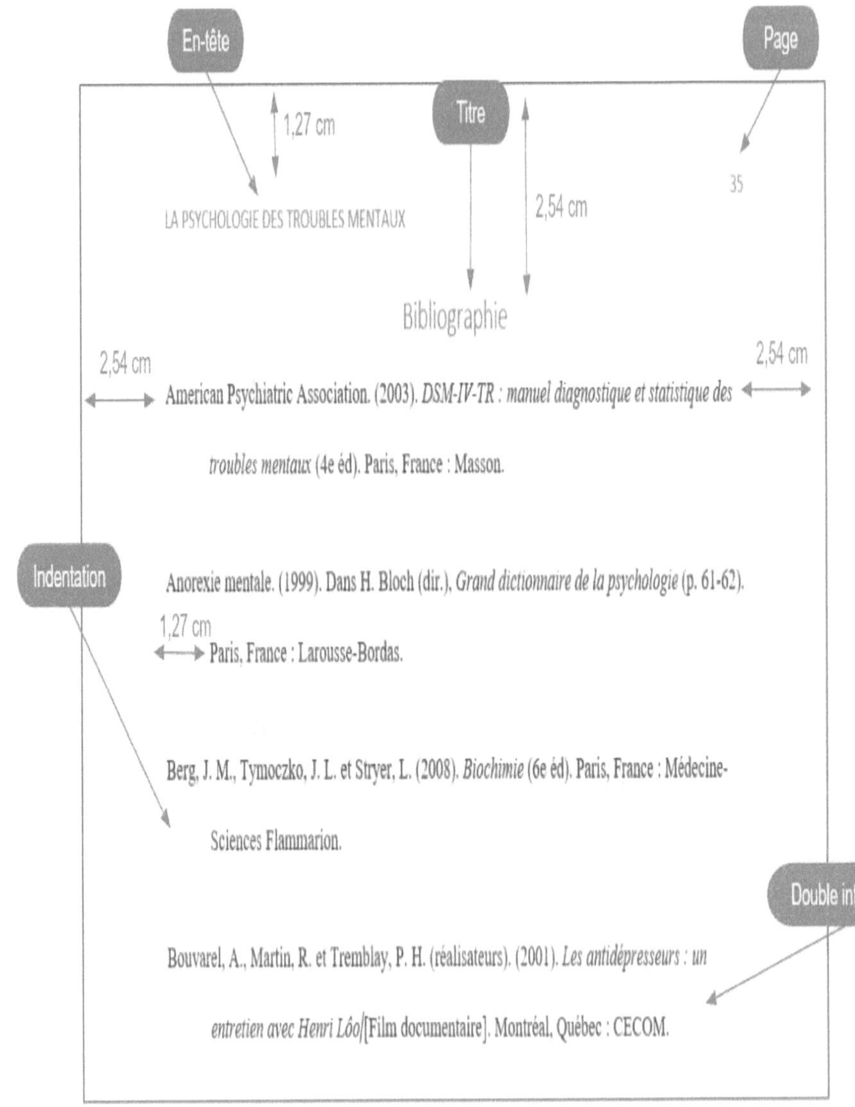

Voir un exemple complet

VI. CRÉER LES SOURCES D'UNE BIBLIOGRAPHIE AUX NORMES **APA**

- La **bibliographie** doit contenir toutes les sources utilisées pour rédiger votre document.

- Listez chaque source une seule fois dans la **bibliographie**, et ce, même si vous y faites **référence** plusieurs fois dans le texte.

- La source doit être présentée selon les règles **des normes APA**.

Attention !

Chaque **type de sources nécessite une présentation différente**. Par exemple, la manière de citer un livre diffère de celle de citer une source Wikipédia.

Quatre types de source ne doivent pas apparaître dans une bibliographie APA:

- Travaux classiques comme la Bible.

- Communication personnelle (ex : e-mails, conversations téléphoniques, textos…).

- Sites Internet entier (toujours le citer directement dans le texte).

- Connaissances communes.

Saviez-vous...

Que la structure, la mise en page et le style de votre mémoire ont un impact important sur votre note? Lorsque votre document contient beaucoup d'erreurs de grammaire ou de fautes d'orthographe, **votre crédibilité s'envole.**

VII.   MISE EN PAGE DE LA BIBLIOGRAPHIE

Une bibliographie aux normes APA doit également respecter des exigences de formatage, notamment en termes d'indentation, d'espacement et de marges. Il est également essentiel que votre bibliographie soit alphabétisée. Voici à quoi cela devrait ressembler.

- 2,54 cm de marge à droite, gauche, en-haut et en-bas.

- Police Times New Roman en 12 pt.

- « Bibliographie » comme titre centré.

- En-tête en haut à gauche avec le titre en majuscules.

- Numéro de page en haut à droite.

- Double interligne entre les sources.

- 1,27 cm d'indentation à partir de la seconde ligne.

VIII. DIVISION DES URL

Microsoft Word considère une URL comme un seul mot et divisera toujours une URL longue sur plusieurs lignes. Cela laisse souvent beaucoup d'espace blanc. Voir la capture d'écran ci-dessous:

Driessen, K., & Swaen, B. (2018, November 6). Free and easy-to-use Scribbr APA Generator. *complete Scribbr student manual.* Retrieved from:
http://www.scribbr.com/freeAPAgenerator/seehowthisURListoolong

Pour éviter cela, vous souhaitez que Word divise l'URL après une barre oblique. Vous pouvez diviser une URL après une barre oblique en plaçant votre curseur après la barre oblique, puis en cliquant sur Insérer → Symbole → Autres symboles… → Caractères spéciaux. Ajoutez ensuite le caractère « Saut facultatif sans largeur » ou tapez ALT + 8203.

Vous pouvez également effectuer cette opération pour toutes les barres obliques de votre document à l'aide de la fonction Rechercher et remplacer dans Word. Dans « Rechercher », insérez une barre oblique. À « Remplacer par », insérez une barre oblique, puis tapez ALT + 8203. Cliquez ensuite sur « Remplacer tout ».

IX. ALPHABÉTISER

- La **bibliographie** doit être classée par ordre alphabétique (A-Z) et numérotée (1. 2. 3. etc.…)

- Le premier auteur est celui qui figure en premier sur la source. Faites attention, car ce n'est pas parce que le nom d'un auteur est le premier alphabétiquement qu'il est nécessairement le premier auteur.

- Vous pouvez parfois rencontrer des difficultés si vous avez différentes publications du même auteur ou d'auteurs portant le même nom.

X. CITATIONS DANS LE TEXTE AVEC LES NORMES APA

Une **citation dans le texte** permet de montrer au lecteur, de manière concise, d'où l'idée originelle provient et de créditer le travail de son auteur.

D'après les normes APA, vous devez écrire le nom de famille de l'auteur et l'année de parution de l'œuvre. Cela peut être fait de différentes manières:

- Une étude précédente dans laquelle X et Y sont comparés a révélé que... (Smith, 1988).
- Smith (1984) démontre que, par le passé, la recherche pour X était surtout concentrée sur...
- En 1984, Smith entreprend une recherche qui indique que...

Plusieurs auteurs

Lorsqu'il y a deux auteurs, il faut séparer leurs noms de famille par une esperluette (&) ou « et ».

Lorsqu'il y a trois auteurs ou plus, il faut séparer leurs noms de famille par des virgules. Les noms des deux derniers auteurs doivent être séparés par une esperluette ou « et ».

2 auteurs

- La recherche montre qu'il y a un énorme besoin de ... (Reynolds et Thomas, 2014).
- La recherche montre qu'il y a un énorme besoin de ... (Reynolds & Thomas, 2014).
- Reynolds et Thomas (2014) écrivent qu'il y a un énorme besoin de...

3 – 5 auteurs

- La recherche récente suggère qu'il y ait... (McGuire, Morrison, Reynolds & Thomas, 2014).
- La recherche récente suggère qu'il y ait... (McGuire, Morrison, Reynolds et Thomas, 2014).
- McGuire, Morrison, Reynolds et Thomas (2014) affirment que ...

Comme vous pouvez l'imaginer, citer une source avec 3 à 5 auteurs peut prendre beaucoup de place dans votre texte. C'est pour cela que vous pouvez raccourcir la citation lorsque vous l'utilisez une deuxième, troisième ou quatrième fois.

Comment faire? Au lieu d'écrire les noms de famille de tous les auteurs, vous n'écrivez que le nom de famille du premier auteur, suivi de « et al. », ce qui signifie « et d'autres ».

- Dans cette recherche, de nombreux participants ont fait usage de ... (McGuire et al., 2014).
- McGuire et al. (2014) ont remarqué que

6 auteurs ou plus

Lorsqu'une source a 6 auteurs ou plus, vous mentionnez simplement le nom de famille du premier auteur suivi de « et al. » dans votre citation:

- Lunott et al. (2015) considèrent le...

L'auteur est une organisation

Lorsque la source est publiée par une organisation au lieu d'une personne, il faut citer le nom de l'organisation en tant qu'auteur.

- D'après de nouvelles recherches ... (Microsoft, 2014).

Citation directe

Lorsque vous copiez mot pour mot un passage d'une source et le placez entre guillemets, vous effectuez une citation directe. Lorsque vous citez directement, vous devez ajouter le numéro de page à la citation dans le texte.

- Cela est aussi vrai pour le *business plan*: « créer un générateur de citations APA, c'est beaucoup de travail, mais de nombreux étudiants en bénéficie » (Swan, 2014, p. 5).

Plusieurs sources dans une citation

Parfois, il est nécessaire de mentionner plusieurs sources dans une seule phrase. Vous pouvez le faire en citant les différentes sources et en les séparant par un point-virgule.

- Plusieurs études montrent que ... (Docker et Vagrant, 2002 ; Porter, 1997 ; Lima, Swan, et Corrieri, 2012).

Toutes les sources que vous citez dans le texte doivent aussi être citées dans votre bibliographie.

Le format diffère en fonction du type de source (par exemple, un **site Internet**, une **revue**, un **livre** etc.), mais chaque source débute de la même manière:

- Format:
  NomdefamilleAuteur1, InitialesAuteur1. et/&
  NomdefamilleAuteur2, InitialesAuteur2. (Année de Publication).
  Titre.
- Dans la bibliographie:
  Beswick, G. et Rothblum, E. D. (1988). Psychological
  antecedents of student procrastination.

Citer un livre

Note : le titre du livre doit être en *italique*.

- Format:
  NomdefamilleAuteur1, Initiales. (Année de
  publication). *TitreLivre*(édition). Ville, Région/Pays: éditeur.
- Dans la bibliographie:
  Flaubert, G. (1981). *Madame Bovary*. New-York, USA: Bantam
  Classics.

Citer un article de revue

Note : le titre du journal et numéro du volume doivent être
en *italique*.

* Format:
  NomdefamilleAuteur, Initiales. et NomdefamilleAuteur, Initiale.
  (Année de publication).
  TitreArticle. *TitreJournal, Volume* (Numéro), Nombre de pages.
  https://doi.org/NuméroDOI
* Dans la bibliographie:
  Juillard, C. (2019). Canut, C., Danos, F., Him-Aquilli et Panis, C.
  Le langage, une pratique sociale. Éléments d'une
  sociolinguistique politique. (2018). *Langage et société*, (3), p.
  167-170.

Citer un site Internet

Note: il ne faut rien mettre en *italique*.

* Format:
  NomdefamilleAuteur, Initiale. (année, jour mois). TitreArticle.
  Consulté sur URL.
* Dans la bibliographie:
  Worland, J. (2015, 27 juin). U.S. flood risk could be worse than
  we thought. Consulté sur http://time.com/3973256/flooding-
  risk-coastal-cities/

Citer un rapport

Note: le titre du rapport doit être en *italique*.

- Format:
  NomOrganisation ou NomdefamilleAuteur, Initiales. (Année de publication). *TitreRapport*. Consulté sur http://AdresseWeb.com
- Dans la bibliographie:
  Royal Bank of Scotland. (2015). *Annual Report and Accounts 2014*. Consulté sur http://investors.rbs.com/~/media/Files/R/RBS-IR/2014-reports/annual-report-2014.pdf

  - Listez la date de publication. Après le nom de l'auteur, listez la date à laquelle l'ouvrage a reçu ses droits d'auteur. Pour les travaux non publiés, donnez la date de rédaction. Rédigez entièrement l'année de publication, entre parenthèses, suivie par un point.
    - Pour un ouvrage: (1999).
    - Pour un journal, magazine ou une newsletter: (1993, juin).
    - Pour un quotidien ou un journal hebdomadaire: (1994, 28 septembre).
    - Pour un ouvrage dont vous ne connaissez pas la date: (n.d.)
  - Entrez le titre de la source. Après la date, la deuxième information que vous devez donner pour chaque référence est le titre de la source, suivi d'un point. Assurez-vous également de ne mettre une majuscule qu'au premier mot du titre et du sous-titre, s'il y en a un [4].

- o Mettez en italique les titres de livres, par exemple *Le livre de la jungle*.

- o Ne mettez pas le titre d'un journal, d'un quotidien ou d'un magazine en italique. Utilisez un format de texte classique. Par exemple « Obtenir son diplôme de chimie: une histoire d'essais et d'erreurs. »

- Mentionnez le nom de la maison d'édition et le lieu de publication. Vous ne devez inclure le nom de la maison d'édition et le lieu de publication que pour les livres. Après en avoir donné le titre, mentionnez le lieu de publication. Donnez le nom de la ville et celui du pays pour les publications qui ne seraient pas françaises. Après les deux points, donnez le nom de l'éditeur, suivi d'un point [5].

  - o Par exemple: Boston, MA: Random House.

  - o Paris: Maison Hachette.

  - o Palmerston North, Nouvelle Zélande: Dunmore Press.

- Ecrivez le titre de publication en entier. Après le titre d'un article, ajoutez celui de la publication. Utilisez le nom complet du journal, magazine ou quotidien et utilisez les mêmes majuscules et ponctuations que celles utilisées par la publication en question. Utilisez une majuscule pour tous les mots majeurs dans le titre de la publication et inscrivez-le également en italique [6].

  - o Par exemple *Le Monde* et non *LE MONDE* ou encore *Science et Découverte* et non *Science & Découverte*.

  - o N'utilisez une esperluette que si le journal le fait, plutôt que d'épeler le mot « et ».

- Ajoutez le volume, numéro et le numéro de page pour les périodiques. Après le nom de la publication, ajoutez le numéro du volume, puis le numéro de la publication entre parenthèses et le numéro de page de l'article auquel vous faites référence dans votre essai. Assurez-vous d'écrire en italique le numéro du volume, mais non celui de la publication et de la page. Finissez par un point final.

  - *Titre du périodique, numéro du volume* (numéro de la publication), numéro de la page.

  - Par exemple, *Psychologie, 72* (3), 64-84 ou *Libération*, 59(4), 286-295.

- Ajoutez le lien URL d'une publication en ligne. Lorsque vous citez un article ou une autre source trouvée en ligne, il est utile d'inclure l'adresse URL. À la fin de votre référence, ajoutez « ce document provient de » et le lien Internet [8].

  - Par exemple: Eid, M., & Langeheine, R. (1999). Les mesures de la constance et les occasions spécifiques pour les derniers modèles en classe: un nouveau modèle et ses applications pour les mesures de l'affect. *Psychologie, 4,* 100-116. Ce document provient de http:// www.apa.org/journals/exampleurl

  - Vous n'avez pas besoin de mentionner la date de votre visite pour une référence suivant le style APA.

- Classez les titres du même auteur dans l'ordre chronologique. Si vous avez plusieurs travaux d'un même auteur (ou de deux auteurs du même nom), listez leurs travaux chronologiquement en commençant par la première publication et en finissant par la plus récente [22].

  - Listez une entrée n'ayant qu'un auteur avant une entrée à plusieurs auteurs, lorsque les premiers sont les mêmes. Par exemple « Mukadi, R. L. (2001) » sera cité avant « Mukadi, R. L. & Evans, A. J. (1999). »

- Listez un groupe d'auteurs comme pour un seul. Listez par ordre alphabétique les groupes d'auteurs (ou les publications n'en ayant pas) en suivant le premier mot significatif. Utilisez le premier nom officiel du groupe ou de l'organisation. Une compagnie ou organisation doit être listée avec un groupe ou organisation subsidiaire.

  o Par exemple « Société américaine de prévention de la cruauté contre les animaux » et non « SAPCA ».

  o Ou encore, « Université Pédagogique Nationale, Département des Sciences Infirmières » et non « Département des Sciences Infirmières, Université Pédagogique Nationale».

- Utilisez le titre de l'ouvrage s'il n'a pas d'auteur. Lorsque vous n'avez pas d'auteur ou de groupe d'auteurs pour une publication, le titre de l'ouvrage prendra la place du nom de l'auteur dans la citation. Utilisez le premier mot significatif pour le classer dans l'ordre alphabétique [23].

Par exemple, « Le Dictionnaire collégial de Merriam-Webster (11e éd.). (2005) Springfield, MA: Merriam-Webster.

CHAPITRE 9

PRÉPARER LA SOUTENANCE

Écrire son **mémoire,** c'est aussi préparer la soutenance orale. La soutenance d'un mémoire est un exposé sur votre travail, et pas un résumé de celui-ci.

Nous allons vous donner des conseils pour préparer et réussir la soutenance de votre mémoire. Nos conseils porteront sur la préparation de votre plan, l'exposé oral, la **présentation PowerPoint**, ainsi que sur la gestion des questions posées.

Notre conseil! Faites **relire et corriger** votre mémoire ou votre présentation de soutenance avant de les rendre. Cela permet d'éviter les critiques du jury sur les fautes d'orthographe ou de grammaire le jour J.

1. LA SOUTENANCE ORALE – QUELLES DIFFÉRENCES AVEC L'ÉCRIT?

Durant la soutenance de votre mémoire, vous devrez aider le jury à comprendre votre travail et ses implications.

Etre synthétique

Il est nécessaire de faire preuve d'esprit de synthèse, afin de d'expliquer votre raisonnement à l'audience. Il faudra donc s'attacher à l'essentiel, alors que dans votre mémoire, il faudra être méticuleux sur les détails.

Il ne faut pas reprendre le même **plan** que votre mémoire, mais expliquer vos **recherches**.

La partie « question-réponse »

La soutenance est composée d'une partie « question-réponse » à laquelle vous devez également vous préparer.

Apporter du dynamisme

La soutenance doit aussi être animée et vivante. C'est plus agréable pour votre jury si vous présentez vos recherches de manière dynamique plutôt qu'avec un ton monotone.

2. LE FOND – QUELLES SONT LES ATTENTES DU JURY?

La première question à se poser est: sur quels critères allez-vous être jugé ?

Une grille d'évaluation?

Vous devez vous renseigner par avance auprès de votre Faculté pour savoir si un barème est disponible avec les consignes et les critères d'évaluation.

Ces grilles d'évaluation diffèrent d'une Faculté à l'autre, et le meilleur moyen d'avoir une bonne note est de coller aux consignes. Ainsi, vous en saurez plus sur les supports autorisés (**PowerPoint**, notes…) ou encore sur le droit d'être assis ou non.

Le jury

En général, les enseignants qui composent votre jury ont lu votre mémoire (mais pas toujours !).

Il vous faut faire attention à vos explications et vous attendre à faire face à un regard complètement extérieur. Les examinateurs qui ont lu votre mémoire s'intéressent plus spécifiquement à certains points et vont donc vous questionner sur ces derniers.

Les attentes du jury

Les attentes diffèrent légèrement en fonction du domaine de recherche, mais une soutenance doit être une synthèse de votre travail.

Il est bien entendu important de présenter vos résultats et leur signification. Le jury notera avant tout votre esprit de synthèse et votre capacité à expliquer un sujet complexe tout en restant clair.

Il faut aborder des grands axes comme:

- le **choix du sujet ;**

- la **problématique** et les questionnements ;

- les **moyens de recherche** ;

- les réponses à apporter ;

- des propositions d'ouverture du sujet ;

- les apports du travail de **recherche.**

Les questions qui reviennent

- Le choix de votre **sujet**: comment l'avez-vous choisi? (lecture, cours, expérience de stage…)

- Votre démarche et les étapes suivies: quelles premières questions vous êtes-vous posées? Quelle est votre **problématique**?

- Le travail de **recherche** : quelles investigations avez-vous menées? (questionnaires, entretiens, observations, lectures…)

- Vos **résultats** : quelles réponses avez-vous apportées à votre question de départ ?

- Des questionnements qui persistent: quelles questions restent encore en suspens et mériteraient une nouvelle investigation?

- L'apport de la recherche: qu'avez-vous appris sur votre sujet avec votre mémoire?

3. LA FORME – COMMENT SE DÉROULE LA PRÉSENTATION?

La forme dépend d'une Faculté à l'autre.

Exemple

- *10 minutes de présentation (exposé);*

- *PowerPoint obligatoire;*

- *titres explicatifs;*

- *fiches interdites;*

- *15 minutes de questions.*

En général, on retrouve deux parties dans la présentation de la soutenance: l'exposé (1) et les questions (2).

3.1.Exposé

Dans cette partie, vous devez présenter votre travail pendant **10 à 30 minutes** (en fonction des Facultés).

Il est donc important de rester **synthétique** et de se concentrer sur l'essentiel. Vous parlerez ainsi du **choix de votre sujet** et de votre **problématique**, des **méthodes de recherches** utilisées, des réponses apportées et des questions en suspens.

Faites attention à rester **concis** et clair. Plus vous serez compréhensible et plus vous vous faciliterez la tâche pour la deuxième partie de la soutenance.

Ne présentez pas le **plan de votre mémoire**, mais plutôt une synthèse de la démarche et des résultats obtenus.

3.2.*Se préparer à la partie question-réponse*

Les questions du jury peuvent porter sur différents points:

- votre méthodologie de **recherche;**

- des **concepts** particuliers;

- ou juste suivre leur curiosité sur le thème.

Voilà pourquoi il est important d'être clair dans la première partie de la soutenance de mémoire. Vous éviterez ainsi les zones d'ombre et donc éviterez des questions pièges.

Il faut savoir que bien souvent **ce qui intéresse le jury, c'est ce que vous avez tiré de vos recherches**. Il n'est donc pas là pour vous piéger mais plutôt pour comprendre l'apport de votre travail à votre domaine d'étude et à vous, en tant que personne.

4. PLAN DE PRÉSENTATION DE L'EXPOSÉ DE LA SOUTENANCE

Voici le plan type d'une présentation de soutenance de 20 minutes.

Partie	Temps	Contenu
Introduction	2-3 min	<ul><li>**Accroche** avec anecdote.</li><li>Définition des **termes** principaux (pas trop long car le temps est limité).</li><li>**Problématique** centrale (dire pourquoi, mettre en avant un problème).</li></ul>
Développement	15 min	<ul><li>Développement précis de la **méthodologie** et des objectifs.</li><li>Présentez vos **réponses** à la **problématique** et la manière dont vous y avez répondu. Lors de cette partie, vous pourrez citer quelques auteurs auxquels vous vous êtes référés dans la partie écrite de votre travail.</li><li>Il faut expliquer la méthodologie suivie et les **résultats** obtenus.</li><li>Pour présenter une **enquête** : population enquêtées (qui ? combien ? représentativité ?) et analyse des résultats obtenus.</li></ul>
Conclusion	2-3 min	<ul><li>Rappeler la **réponse** que vous aurez établie à la **problématique** centrale de votre mémoire.</li><li>Établir les éventuelles **limites.**</li><li>**Ouverture** : parler du prolongement de vos réflexions, compléter vos arguments, les discuter ou les remettre en cause.</li></ul>

5. CONSEILS POUR LA SOUTENANCE D'UN MÉMOIRE

- **Il ne faut pas tout dire :** c'est une synthèse et non pas une version orale de votre **mémoire** ou de votre **thèse**.

- **Etre honnête** : si vous ne connaissez pas la réponse à certaines questions dites-le.

- **Contrôler votre temps** : il est important que vous sachiez combien de temps environ vous passerez sur chaque sous-partie. Entraînez-vous!

- **Rendez vos supports vivants** et **ne vous contentez pas de lire** : regardez le jury et respirez calmement. Cela donnera un sentiment de contrôle et de maîtrise.

- **Soyez critique envers vous-même :** il s'est écoulé du temps entre la rédaction de votre **mémoire** et sa soutenance et peut-être que vous avez relevé des incohérences ou de nouvelles conclusions. N'hésitez pas à en parler au jury.

- **Renseignez-vous sur les règles autour de la soutenance** de mémoire dans votre Faculté afin d'éviter les mauvaises surprises.

Faites relire et corriger le texte de votre PowerPoint, car il faut absolument éviter les fautes.

CHAPITRE 10

PRÉVENTION DU PLAGIAT ET DE LA TRICHERIE

1. COMMENT ÉVITER LE PLAGIAT, SE PRÉMUNIR CONTRE LE PLAGIAT

Au cours de vos études et de votre carrière, vous subirez certainement des pressions pour livrer ou améliorer des résultats rapidement. Il est important de bien gérer votre temps et vos efforts afin de ne pas être tenté d'en venir à la conclusion que la seule façon de compléter votre travail est de plagier. Pour éviter le plagiat, vous pouvez citer en reprenant une portion de texte telle quelle et en utilisant les guillemets, ou bien en paraphrasant, c'est-à-dire en reformulant les idées des auteurs dans vos propres mots. Dans les deux cas, il faut mentionner la source des idées.

2. POURQUOI CITER?

- Pour que l'auteur puisse retirer les bénéfices de son œuvre;

- Pour permettre au lecteur de repérer ces informations et de les mettre en contexte;

- Pour démontrer votre connaissance des travaux fondateurs et de ceux reliés à votre problématique;

- Pour éviter des *sanctions* provenant de votre communauté académique ou professionnelle.

3. QUAND CITER?

Il est essentiel de citer vos sources dans les cas suivants:

- Lorsque vous reprenez, mot à mot, les propos d'une personne;
- Lorsque vous reformulez, dans vos propres mots, les propos d'une personne. C'est ce que l'on appelle la paraphrase.

Aussi, sachez que vous devez citer la source de tous les types de documents (texte en format imprimé ou électronique, image, photographie, graphique, statistiques, etc.) que vous utilisez.

Cette règle s'applique autant aux documents publiés qu'à ceux qui ne le sont pas, car un des objectifs visés par la citation est d'attribuer la paternité de l'œuvre à son créateur. Par conséquent, tous les documents utilisés doivent être cités, qu'ils fassent partie du domaine public ou non.

En fait, les seules informations qu'il n'est pas nécessaire de citer sont celles qui sont notoires. Par exemple, si vous indiquez, dans un travail académique, qu'en principe, l'eau gèle à zéro degré Celsius, vous n'êtes pas obligé de mentionner la provenance de cette information car cette dernière est de notoriété publique.

Si vous n'arrivez pas à déterminer si l'information que vous voulez intégrer à votre travail est notoire, posez la question à votre professeur.

4. Comment citer?

Lorsque vous rapportez textuellement les propos d'une personne, vous devez les encadrer de guillemets et mentionner votre source d'information ensuite.

Par contre, lorsque vous formulez dans vos propres mots les propos d'une personne, vous devez aussi mentionner la source, mais vous n'avez pas à encadrer le texte de guillemets, car il s'agit de votre reformulation.

Pour connaître le style bibliographique à utiliser dans vos travaux académiques, adressez-vous à votre département. Si ce dernier ne privilégie aucun style particulier, vous pouvez utiliser un des deux styles recommandés par la Bibliothèque. Ces styles sont le style APA 6e édition et le style IEEE. Le style APA est utilisé pour tous les domaines des sciences sociales.

- Pour en savoir plus au sujet de ces deux styles bibliographiques, consultez ce *guide*.

- Pour savoir comment citer divers types de documents, consultez le *guide* en bas qui contient des exemples concrets et variés de références bibliographiques en style APA.

Bref, la rédaction d'une bibliographie de thèse permet de rehausser son travail de recherche et d'appuyer ses opinions par des affirmations ou des démonstrations déjà faites par d'autres auteurs. En rédigeant une bibliographie, on fait preuve d'une éthique professionnelle, en reconnaissant les travaux des autres auteurs.

5. Quelles sont les sanctions encourues en cas de plagiat?

Plagier revient à tricher ce qui signifie que si on se fait prendre, on risque des sanctions sévères, pouvant aller de la note zéro à l'interdiction d'examens ou encore à l'exclusion de l'université ou de l'École. Mais cela dépendra de la décision de la commission disciplinaire de l'établissement.

L'étudiant comparaitra devant une commission constituée par le président ou le vice-président de l'établissement, des enseignants, des étudiants et des membres de l'administration. Cette commission débattra de la nature de la sanction, en fonction de plusieurs éléments telle que la préméditation de la tricherie ou l'utilisation d'outils ou de documents interdits, entre autres critères.

Alors, avant de recourir au plagiat de mémoire, il vaut mieux se demander si le jeu en vaut la chandelle.

6. COMMENT FAIRE POUR ÉVITER LE PLAGIAT DE MÉMOIRE?

Sachez qu'il est possible d'éviter le plagiat dans le cadre de la rédaction d'une thèse: un bel état d'esprit, une bonne organisation et la planification des tâches à réaliser ainsi qu'une bonne connaissance de l'éthique professionnelle, dont le respect des droits d'auteur.

Une bonne planification permet d'accomplir chaque tâche dans les temps, donc d'avoir le temps nécessaire pour la rédaction. Il faut également référencer ses sources chaque fois qu'on doit citer un auteur. En cas de doute testez vos écrits avec des outils anti-plagiat

CHAPITRE 11
CARACTÉRISTIQUES D'UN TEXTE SCIENTIFIQUE

Un bon texte scientifique doit:

- être descriptif & neutre,
- utiliser un lexique spécialisé
- être structuré et argumenté
- être référencié et précis
- être clair et concis

Quelques exemples

1. DESCRIPTIF ET NEUTRE

Nous avons été étonnés par les résultats de l'enquête empirique et par l'attitude démissionnaire des parents ruraux envers leurs enfants, alors qu'ils auraient dû exercer leurs rôles éducatifs

L'enquête empirique menée auprès de 12 familles rurales a montré que 76% des parents adoptent une attitude démissionnaire vis-à-vis des nouvelles formes de socialisations induites par Internet.

2. ARGUMENTÉ

- Argument d'autorité
- Argument logique
- Argument empirique (résultats de l'expérimentation)

3. PRÉCIS

- Ne pas dire « *une recherche récente* », mais citer une date précise (2008) et un auteur précis.
- Ne pas dire « *des chercheurs ont montré que* », mais citer au moins 2 chercheurs, avec des références précises
- Ne pas dire « *un grand nombre de sujets* » mais 87% des sujets…

4. RÉFÉRENCIÉ

En République Démocratique du Congo, les enseignants débutent à l'Université de plus en plus jeunes. Ils travaillent généralement dans des conditions difficiles et sont souvent assez mal encadrés par l'Institution (Bouraoui, 2014). Cette situation touche, en 2010, 48% des universitaires congolais et en 2013 (lorsque l'Université accueillera 500.000 étudiants), 50% du même corps, c'est-à-dire un enseignant sur deux (Miled, 2016).

Par ailleurs, une enquête réalisée en 2013 par l'Equipe de recherche « Analyse des pratiques pédagogiques », auprès d'un échantillon représentatif de 387 assistants, a montré que 78% d'entre eux ont des problèmes de discipline en classe (Chabchoub, 2016). Ces résultats sont d'ailleurs corroborés par la plupart des enquêtes Internationales (Donnay, 2017).

5. CLAIR

- Pas de « bold »

- Pas de « on »/ Pas de forme passive/ Je ou Nous
- Abréviations: les expliciter dès la première fois; jamais dans le titre de mémoire.

6. A QUELLE PERSONNE ÉCRIT-ON SON MÉMOIRE?

« Je », « Nous », « On » ?

Les consignes relatives à l'utilisation de la première personne (« je », « nous », « mon », etc.) dans les *mémoires, les thèses* ou les *rapports de stage* varient en fonction des disciplines, et parfois au sein même d'une discipline. Les experts se divisent notamment sur le sujet de l'utilisation de la première personne dans les mémoires et écrits scientifiques (sciences dures), qui, autrefois, l'évitaient dans la plupart des cas.

A quelle personne écrit-on son mémoire? D'après l'auteur, il faut que le mémoire soit le plus impersonnel possible.

- Le recours à la première personne du singulier (« je ») peut paraître prétentieux et égocentrique. Il est également dangereux car vous risquez de vous attribuez des idées qui ne sont pas les vôtres ou une démarche que d'autres ont développée avant vous.
- L'utilisation de la première personne du pluriel («nous») est généralement évitée.
- Le « on », impersonnel et vague, donne souvent une impression d'imprécision. De plus, utilisé avec fréquence, il peut lasser le lecteur.

Il faut donc, dans la manière du possible, éviter le « je », le « nous » et le « on » !

Attention, acceptable si utilisés avec modération pour "alléger" un paragraphe.

Que faire alors ?

En fait, il est conseillé de chercher le véritable sujet du verbe et d'y recourir. Le travail ne peut que gagner en précision! Cela permet de préciser la pensée.

Exemple:

« Nous avons fixé la vitesse de course à 12 km/h… »

« La vitesse de course a été fixée à 12 km/h… »

7. CRITÈRES D'ÉVALUATION

- La forme

- La crédibilité de la problématique

- La maîtrise des concepts mobilisés

- Le plan et le raisonnement adopté

- La qualité et la citation des sources

- La capacité de synthèse (introduction, conclusion) et d'ouverture vers d'autres horizons théoriques ou pratiques

- Les liens théorie-pratique

- L'apport personnel et l'autonomie

BIBLIOGRAPHIE

1. Academic Writing Style - Organizing Your Social Sciences. https://libguides.usc.edu › writing guide › academic writing (Consulté le 16/12/2019)

2. American Psychological Association, APA Style. https://apastyle.apa.org (02/01/2020)

3. American Psychological Association, APA Format: 12 Basic Rules You Must Follow - Verywell Mind. https://www.verywellmind.com › general-rules-for-APA-(03/10/2019)

4. Champagne, V. et al. (1996). Initiation à la pratique sociologique, 2e éd. rev. et augm. Paris, Dunod, 233 p.

5. Debret, J. (2020). La soutenance d'un mémoire

6. De Ketele, J.M. & Roegiers, X. (1993). Méthodologie du recueil d'informations : fondements des méthodes d'observation, de questionnaire, d'interviews et d'études de documents, De Boeck Université, 226 p.

7. Goulet, C. (2020). Initiation Pratique à la Méthodologie des Sciences Humaines:

8. Ghiglione, R., &Matalon, B. (1982). Les enquêtes sociologiques. Théories et pratiques, Paris, A. Colin, 301 p. (Coll. U.).

9. Hagget, P. et al. (1977). Locational Analysis in Human Geography, Londres, Edward Arnold, vol. 1, 258 p.

10. Hyland, K. (2009). "Writing in the Disciplines: Research Evidence for Specificity." Taiwan International ESP Journal 1.1 (2009): 5-22.

11. Klein, K. (2000). "Preferences for Narrative Pronouns in Texts on English Literature and Composition." Proceedings of the 1999 Deseret Language and Linguistics Society. Eds. Alan D.

12. La problématique. http://www.pagesped.cahuntsic.ca/sc_sociales/psy/methosite/consignes/etape1.htm (Consulté le 12/05/2020)

13. La recherche quantitative et qualitative. http://www.resources.aunege.fr (Consulté le 20/12/2019)

14. Logan, D.W., Sandal, M., Gardner, P.P., Manske, M., & Bateman, A. (2010).Ten simple rules for editing Wikipedia.

15. Maier, H.R. (2013). What constitutes a good literature review and why does its quality matter?

16. Mantel-Haenszel
    Test: https://www.itl.nist.gov/div898/software/dataplot/refman1/auxillar/mantel.htm (Consulté le 23/12/2019)

17. Pautasso, M. (2014).Forest Pathology and Dendrology, Institute for Integrative Biology, ETH Zurich, 8092 Zurich, Suisse

18. Pautasso, M. (2010).Worsening file-drawer problem in the abstracts of natural, medical and social science databases.

19. Salazar, D., Ventura, A., & Verdaguer, I. (2013). "A Cross-disciplinary Analysis of Personal and Impersonal Features in English and Spanish Scientific Writing."

20. Selltiz et al. (1977). Les méthodes de recherche en sciences sociales, traduit par D. Bélanger, Montréal, Les Éditions HRW, 605 p.

21. Shaw, P. (2007). "Chapter One: Introductory Remarks." Language and Discipline Perspectives on Academic Discourse. Ed. Fløttum, Kjersti. Newcastle: Cambridge Scholars Publishing, 2007. 2-13.

22. Sutherland, W.J., Fleishman, E., Mascia, M.B., Pretty, J., & Rudd, M.A. (2011). Methods for collaboratively identifying research priorities and emerging issues in science and policy Methods.

23. Swaen, B. (2018). Les sources Intranet selon les normes APA

24. Trudel, R. & Antonius, R. (1991). *Méthodes qualitatives appliquées aux sciences humaines*, Montréal: Centre éducatif et culturel inc, 1991.

25. Tshibangu, J. (2014). Research Analysis syllabus for undergraduate students. Reading Area Community College. Pennsylvania. USA

26. Tshibangu, J. (2018). Méthodologie de Recherche Scientifique. Cours pour les étudiants de Première licence. Université Pedagogique Nationale. Kinshasa (RDC)

27. Université d'Ingénierie, Polytechnique Montréal: https://guides.biblio.polymtl.ca/revue_de_litterature (Consulté le 21/02/2020)

28. Wagner, C.S., Roessner, J.D., Bobb, K., Klein, J.T., Boyack, K.W., & al. (2011). Approaches to understanding and measuring interdisciplinary scientific research (IDR): a review of the literature.

29. Writing in Third Person in APA Style | Pen and the Pad. https://penandthepad.com › The Rewrite (07/03/2017)

www.ingramcontent.com/pod-product-compliance
Lightning Source LLC
Chambersburg PA
CBHW021448150726
47989CB00001B/440